彩图2-18　汽车

彩图2-19　水壶

彩图2-22　手机外壳

彩图2-24　搪瓷锅

彩图2-25　表面拉丝

彩图2-26　蚀刻灯具

彩图3-5　木雕饰品

彩图3-6　OTDR测试仪

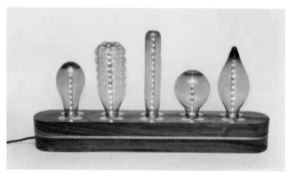

彩图3-7　灯具

彩图4-10　铝阳极氧化及着色后三脚架

彩图4-29　明月椅

彩图4-30　弹性钢椅

彩图4-31　功能瓶

彩图4-32　"SPOON"书封面

彩图4-33　吉尔诺水龙头

彩图4-34　"ZEN"灯具

彩图5-3　聚丙烯灯具

彩图5-10　看不见的桌子（有机玻璃）

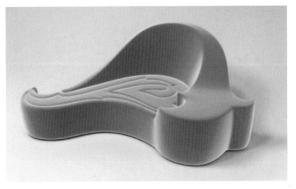

彩图5-19　聚氨酯泡沫塑料躺椅

彩图5-27　一次性注塑成型的塑料制品

  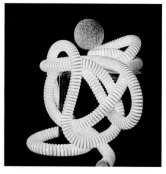

彩图5-31　马克杯（模压成型）　　　彩图5-61　OZ冰箱　　　　彩图5-62　软管灯

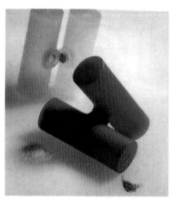 

彩图5-63　"TOHOT"盐和胡椒摇罐　　　　彩图5-64　"SKUD医生"苍蝇拍

彩图5-65　"Dune"衣物挂钩　　　彩图5-66　"布兰尼小姐"椅

彩图5-67　落地灯和台灯

彩图5-68　透明的i磁性钢珠笔

彩图5-69　CABOCHE吊灯

彩图5-70　IMac电脑产品

彩图6-14　木材的色彩及纹理

彩图6-26　蒸气弯曲的椅子

彩图6-27　LAMINATED CHAIR

彩图6-37　拜伦扶手椅

彩图6-38　红蓝椅

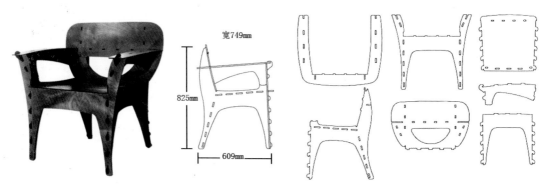

彩图6-39 "迷题"扶手椅

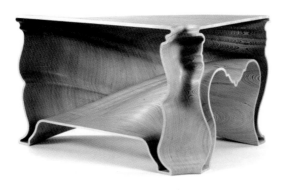

彩图6-40 "灰姑娘"木桌

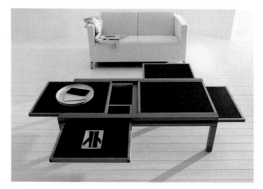

彩图6-41 咖啡桌

彩图6-42 彩木眼镜框架

彩图6-43 手机壳

彩图6-44 订书机

彩图6-45 Bell音箱

 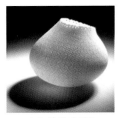  

(a) 陶瓷刀具　　　　(b) 陶瓷灯具　　　　　(c) 陶瓷艺术品　　　　　　(d) 绝缘瓷

彩图7-1　陶瓷材料制品

彩图7-9　发光釉　　　彩图7-10　有色釉　　　彩图7-11　釉上彩　　　彩图7-12　釉下彩

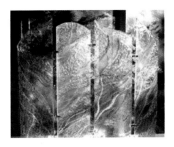 

彩图8-6　热熔玻璃　　　　　　　　彩图8-7　喷砂玻璃杯

彩图8-8　车刻
　　　　　玻璃　　　　　彩图8-9　彩饰玻璃　　　　　　　彩图8-10　蚀刻玻璃

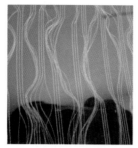  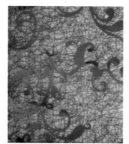 

(a)透明夹丝玻璃　　　　　(b)彩色夹丝玻璃　　　　　(c)钢化夹丝玻璃　　　　　(d)烤漆夹丝玻璃

彩图8-12　夹丝玻璃

　　彩图8-18　调光玻璃　　　　　　　　　　彩图 8-22　记忆玻璃制品

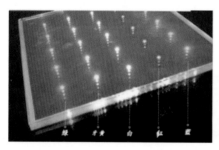  

彩图8-19　LED玻璃

彩图8-23　"记忆晶体"玻璃硬盘　　　彩图9-6　纳米陶瓷制品　　　彩图9-7　纳米机器人　　　彩图9-8　碳纳米管

高等学校工业设计类专业系列教材

产品造型设计材料与工艺

（第二版）

主　编　杜淑幸

副主编　张阿维　张春强　胡志刚

西安电子科技大学出版社

内容简介

本书是作者结合多年教学和设计实践经验编写而成的。

全书共9章，内容包括：概述，造型材料的分类及特性，造型材料的美学基础，金属材料及其加工工艺，塑料及其加工工艺，木材及其加工工艺，工业陶瓷及其加工工艺，玻璃及其加工工艺，新材料、新技术与新工艺。

本书注重实践，结合新技术，具有一定的先进性，可作为高等学校工业设计类专业的工程实践类教材，对从事产品造型设计的专业技术人员亦具有参考价值。

图书在版编目(CIP)数据

产品造型设计材料与工艺 / 杜淑幸主编. —2版. —西安：
西安电子科技大学出版社，2021.12（2022.9重印）
ISBN 978-7-5606-6297-8

Ⅰ. ①产… Ⅱ. ①杜… Ⅲ.①工业产品－造型设计－高等学校－教材 Ⅳ. ① TB472

中国版本图书馆CIP数据核字(2021)第253030号

策　　划　李惠萍
责任编辑　张　玮
出版发行　西安电子科技大学出版社（西安市太白南路2号）
电　　话　(029) 88202421　88201467　　　　邮　　编　710071
网　　址　www.xduph.com　　　　　　　　电子邮箱　xdupfxb001@163.com
经　　销　新华书店
印刷单位　咸阳华盛印务有限责任公司
版　　次　2021年12月第2版　　　2022年9月第2次印刷
开　　本　787毫米×1092毫米 1/16　　　印张　11.5　　彩插　4
字　　数　266千字
印　　数　101～2100册
定　　价　27.00元
ISBN 978-7-5606-6297-8/TB
XDUP 6599002-2
＊＊＊＊如有印装问题可调换＊＊＊＊

前言

preface

造型材料是产品设计的物质基础。作为从事产品设计的专业技术人员，必须了解各种造型材料的固有特性、成型工艺特性、表面处理工艺特性和结构工艺特性，并及时跟踪和了解材料及其工艺的发展，以便在产品设计中能合理有效地选材、用材，淋漓尽致地挖掘和展现材质的美，创造出符合时代需求的、功能、材料、环境协调统一的产品，最大可能地满足人们的物质和精神需求，实现设计造福于人的根本目的。

本书以全面、新颖、实用为宗旨，是作者结合多年教学和设计实践经验编写而成的，适合作为工业设计类专业教材使用，对从事产品造型设计的专业技术人员亦具有参考价值。

本书共9章，参考学时48学时。第1～3章分别介绍造型材料与产品设计的关系、造型材料的分类及特性、造型材料的美学基础，目的在于使读者对造型材料与工艺的选择和应用有一个系统全面的了解；第4～8章分别介绍了金属材料及其加工工艺、塑料及其加工工艺、木材及其加工工艺、工业陶瓷及其加工工艺、玻璃及其加工工艺；第9章介绍了当前具有良好发展趋势和应用前景的新材料、新技术与新工艺。

本书由杜淑幸主编。参与编写的有：张阿维（第1、5章），张春强（第2、6章），杜淑幸（第3、4、7、8、9章），胡志刚（第4章部分内容），刘波（第7章部分内容），张爱梅（第8章部分内容），丰博（第9章部分内容）。

本书在编写过程中得到了西安电子科技大学教务处、教材发行中心及机电工程学院领导和有关专家的大力支持。研究生赵萌萌、蒋亚利、张明喜在资料搜集、教材编写和校核方面做了大量工作，在此一并表示诚挚的谢意。另外，编者参考了国内外同类著作以及参考文献中的相关资料，在此特向有关作者表示真诚的感谢。

由于编者经验和水平有限，书中难免有不足之处，敬请读者批评指正。

编　者

2021年6月

目 录

contents

第1章　概　　述

设计是人类所特有的一种造物活动或造型行为。具体来讲，设计就是人们在生产、生活中有意识地运用各种工具和手段，将材料加工塑造成可视或可触及的具有一定形态的实体，使之成为具有使用价值或商品性的物质的过程。材料是人类造物活动的基本物质条件，是产品设计的基础和前提，可以说人类造物活动离不开材料。本章主要介绍材料与设计、材料与环境的关系，以及材料设计的内容与方式。

1.1　材　料　与　设　计

什么是材料呢？在人们生活的地球表层覆盖着由岩石及矿物组成的自然物，这些自然物便是构成材料的基本原料。如果将天然生成且尚未加工的物质称为原料，那么这些原料经加工处理后产生的物质就叫作材料。人类的造物活动是以自然物为基础的，或改变其形态，如木材之于家具；或改变其性质，如黏土之于陶器。现代化学的发展，开拓了材料的领域，"合成材料"的制造，其实也是对自然物的利用。正是材料的发现、发明和使用，使人类在与自然界的斗争中逐渐走出混沌蒙昧的状态，发展到科学技术高度发达的今天。

设计通过材料与工艺转化为实体产品，材料与工艺通过设计实现其自身的价值。任何一个产品设计，只有通过合理的材料及其加工工艺的选用，才能实现设计的目的和要求。每一种新材料、新工艺的出现都会为设计实施的可行性创造条件，并对设计提出更高的要求，给设计带来新的飞跃，带来新的设计风格，产生新的功能、新的结构和新的形态。例如，由于钢铁、玻璃等新材料的运用，出现了1851年英国国际博览会上的水晶宫（见图1-1），这种类似温室结构的建筑形式反映出了当时人们对新工业材料的创造和新的美学追求。塑料材料出现后，由于其优良的化学和物理性能，很快获得了设计师的青睐，被广泛地应用到家用电器等产品的设计之中，不仅大大提高了这些产品的使用效率，同时也扩展了这些新产品的使用功能。例如，氟树脂的发明，由于其优异的热性能，以及易清洁、不沾油、无毒等特征，出现了像"不粘锅"（见图1-2）及易清洁的抽排油烟机（见图1-3）等新产品；再比如，自从发现了高温超导陶瓷后，人们又研究了超导磁体，并利用超导磁体的性能，成功研制出了高速超导磁悬浮列车（见图1-4）。20世纪出现的记忆合金，以其特殊的化学、物理特性，被广泛地应用到航天、医疗器械、机械自动化、电器等设计领域。

图1-1　水晶宫

图1-2　不粘锅

图1-3　抽排油烟机

图1-4　高速超导磁悬浮列车

　　不同材料具有不同的性能特征，一旦材料被应用于某个具体产品，就会对产品在形态、构造以及视触觉上产生不同的影响。在现实生活中我们可以感受到，同样的产品，由于采用的材料不同，会带给我们不同的使用感受。此外，不同的材料有着不同的成型工艺，而不同的成型工艺也将直接影响到产品的形态。如20世纪30年代早期的台式收音机外壳，其采用的是人工夹板拼装工艺，产品形态只能以直线大平面为主，造型呆板生硬，如图1-5(a)所示。而塑料的出现和注塑技术的成熟，彻底改变了收音机壳体材料和成型工艺，使产品的形态由以前单一的直线、平面形态发展到目前的各种曲线的体、面互相组合的形态，产生了多种造型样式（见图1-5(b)）。近百年来，由于自行车的车架一直受钢管可弯曲程度和焊接等工艺的限制，车架的形态基本上为三角形。后来出现的碳纤维加强玻璃钢合成材料，由于其具有质量轻、强度高、整体成型等特点，当被用作自行车的车架材料后，彻底地改变了自行车的三角形框架，自行车的形态也因而发生了重大的变化，再配以新颖的传动方式，整个自行车的形态显得格外轻盈活泼、新颖美观而富有动感。可以看出，新材料和新工艺的出现启发了新的设计构思；同样，新的设计构思对材料与工艺提出了更高的要求，也促进了材料科学的发展和工艺技术的改进与创新。

（a）20世纪30年代木壳收音机

（b）新型塑料外壳防水录放机

图1-5　产品的造型样式

随着材料科学技术的不断发展，人们对材料的认识也不断发生变化。早期的材料都是以自然物为主的原始材料，工业革命后出现了工业材料，如合成材料、半导体材料和塑料等，这些材料从根本上改变了人们对材料的直观感觉和体验。人们感觉柔软的材料实际上却具有极高的强度，感觉体积巨大的物体却不具有相应的质量。随着基因材料、克隆材料和碳纳米管超级纤维材料的出现和运用，人们对材料的认识发生了根本的变化——从宏观的、表面的认识进入到一种微观的、更深层面的认识。当越来越多的企业开始通过设计战略来竞争市场的时候，对构成产品的重要因素——材料、形态和色彩的研究达到了前所未有的重视程度，并对其有了更新的理解。工业设计从以传统外观"包装"设计为目的转向以建立人与环境、人与高科技之间的协同关系为目的，已经形成一种设计文化，如苹果电脑公司的 iMac 设计，运用材料和色彩语言向人们诠释了数码科技的魅力。

总之，人类文明史就是材料的发展史，人类的设计史就是对材料的使用史，人类的设计意识与材料的使用并生共存。产品造型设计的过程实质上是对材料理解和认识的过程，是"造物"与"创新"的过程，是材料应用的过程。

观察家具中椅子的发展历史，可以看出产品造型设计与材料及其工艺之间所存在的相辅相成、相互促进、相互制约的关系。

古希腊时期采用天然石材制作石椅子，由于石材压力承受能力远远高于拉力承受能力，且不易加工装配，通常整体落地，因而其造型风格都是一个基座式的整体。

我国的明式家具，以其清秀典雅、明快流畅的造型风格屹立于世界家具之林，在家具发展历史中占有十分重要的地位。明式家具除其完美简洁的造型、严谨合理的结构、精致的制作工艺外，还具有自然亮丽的材料质感。明式椅子的用材多为紫檀木、黄花梨木、杞梓木、红木、乌木、铁力木和楠木等木材，这些木材质地坚硬、色泽柔和、纹理优美、强度高、气味独特，是其他一般木材无法比拟的。在制作过程中制作人会根据椅子结构的不同部位，审辨木材的材质、色泽和纹理，恰如其分地进行粗细的随形处理。在制作过程中，由于木材的材质坚硬，且采用精密的榫卯结构，使得明式椅子的线条更加秀丽、流畅，形体更加严谨轻巧、浑然一体，如圈椅、官帽椅。由这些优质木材制作的家具再经烫蜡打磨或经其他装饰工艺处理后，变得光亮如镜，显露出自然华美的纹理，展现出黑里透红、润泽内蕴的色泽，散发出含蓄深沉的美感。明式家具完美地将材料的自然美与家具造型及其风格融为一体。

自 18 世纪欧洲工业革命以来，随着科学技术的发展，出现了各类新材料、新工艺，也给家具的造型设计带来了新的生命。特别是 1919 年德国兴起的"包豪斯"学派，该学派主张以直线和突破陈规的构思去合理使用各种材料，讲究构图的动感和质感相对比，使其在合理而富有数理性的造型概念中充满"动"与"视"的和谐统一。由马歇尔·布鲁耶（Marcel Breuer）领导的家具改革，开辟了家具设计的新篇章。他由自行车把手引发了对钢管家具的设计设想，于 1925 年以钢管和帆布为材料，成功地设计并制造出了世界上第一款由标准件构成的钢管椅——瓦西里椅（见图 1-6），首创了世界钢管椅的设计，突破了原有木质椅子的造型范围。由于钢管弹性好、强度高，表面经处理后露出的独特光泽，使产品造型更显得轻巧优雅、高贵美丽，结构坚固紧凑，充分表现出钢的强度和弹性的完美结合，具有良好的使用功能，满足了审美需求，同时强调了美观与功能、材料与结构的相互协调，体现出强烈的时代感和现代工业、现代材料的科学美。

20世纪三四十年代以后，由于合成树脂的迅速发展和高频加热胶合技术的应用，产生了一种新的椅子形态——胶合板椅，它改变了原有木材的特性，其结构、强度等均发生了变化，赋予了椅子新的造型风格。芬兰设计师阿尔瓦·阿尔图（Alvar Aalto）设计的弯曲胶合板椅（见图1-7），用薄而坚硬、又能热弯成型的胶合板材热压弯曲而成，充分利用了材料的特点，既优美雅致而又毫不牺牲舒适性，具有几何形体的明确性和简洁性的造型特点。

图1-6　钢管椅——瓦西里椅　　　　　　图1-7　胶合板椅

各类高性能的轻质合金材料及高分子聚合材料的问世，为椅子造型设计开辟了更广阔的领域。如丹麦设计师威勒·潘顿（Verner Panton）设计的S形塑料椅（见图1-8），设计师皮尔罗·加提（Pireo Gatti）等设计的Sacco椅（见图1-9）。Sacco椅其实是一个装满颗粒状聚苯乙烯泡沫球的、由乙烯基布缝制的锥状袋子，这款布袋椅完全抛弃了家具设计的结构，适宜使用者所采取的各种坐姿。

图1-8　S形塑料椅　　　　　　图1-9　Sacco椅

各种新材料、新工艺的出现，给椅子造型带来了新的生机，为椅子造型设计提供了更多的造型方法和手段，产生了完全崭新的造型风格，如玻璃椅子（见图1-10）、充气椅子（见图1-11）。

图1-10　玻璃椅子　　　　　　图1-11　充气椅子

1.2 材 料 与 环 境

环境意识，是人与自然相互依存、相互作用的系统性关系在人的意识中的反映，其核心是人与自然环境的关系，它是现代人类对自然、社会、人性的感悟与理性判断相结合的结果，是现代社会的产物，也是后工业社会发展的必然产物，它具有鲜明的时代特征，反映了人与自然环境和谐发展的价值观念。绿色设计和绿色材料，正是在这种环境意识日益高涨的背景下，被提出来并得到迅速发展的一种新的设计理念。

长期以来，人类在材料的提取、制备、生产以及制品的使用与废弃过程中，消耗了大量的资源和能源，并排放出废气、废水和废渣，污染着人类自身的生存环境。图 1-12 所示为材料的"生命周期"示意图。因此，人类必须正视现实，从节约资源和能源、保护环境和保证社会可持续发展的角度出发，重新评价以往研究、开发、生产和使用材料的活动，改变单纯追求高性能、高附加值的材料而忽视生存环境恶化的做法，研究探索既有良好性能或功能又对资源和能源消耗较低，并且与环境协调较好的材料及制品。

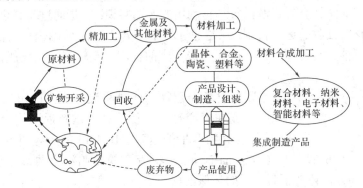

图1-12　材料的"生命周期"示意图（虚线箭头表示可能的污染源）

1.2.1　绿色设计

1. 绿色设计的基本特征

绿色设计也称生态设计、环境设计或环境意识设计，是在设计产品时以产品环境属性为主要设计目标，在充分考虑产品的功能、质量、开发周期和成本的同时，着重考虑产品的可拆性、可回收性、可维护性、可重复利用性等功能目标，优化各有关设计因素，使得产品及其制造过程对环境的总体影响和资源消耗减到最小的设计理念。

绿色设计突出了"生态意识"和"以环境保护为本"的设计观念，体现了环境协调性、价值创造性、功能全程性。比如，英国皇家艺术学院工业设计专业学生所设计的绿色环保铅笔，就充分体现了绿色设计理念。众所周知，艺术学校是一个消费不菲的地方，其中购买学习用具是消费的重头，考虑到这一点，学生自制机器，利用学校对各部门回收的废物——面粉、黏土、石墨、蜡、油墨、锯末等，做了 160 支铅笔，由此呼吁绿色设计以及回收利用废物的重要性。

2. 绿色设计的基本原则——6R 设计原则

在"地球资源及地球净化能力有限"这一共识的前提下，提出了指导绿色设计的基本原则，即 6R 原则，包括研究（Research）、保护（Reserve）、减量化（Reduce）、回收（Recycle）、重复使用（Reuse）和再生（Regenerate）。

（1）研究（Research）：该原则着眼于人与自然的生态平衡关系，着重研究产品的环境对策。从设计伦理学和人类社会的长远利益出发，以满足人类社会的可持续发展为最终目标，研究探索新产品生命周期全过程对自然环境和人的影响，即在设计过程的每一个决策中都充分考虑到环境效益，尽量减少对环境的破坏。

（2）保护（Reserve）：该原则是最大限度地保护环境，即尽可能减少原材料和自然资源的使用，减轻各种技术、工艺对环境的污染，减缓由于人类的消费而给环境增加的生态负荷。

（3）减量化（Reduce）：该原则是尽可能减少物质浪费与环境破坏。它包含四个方面的内容，即产品设计中的减少体量、精减结构；生产中的减少消耗；流通中的降低成本；消费中的减少环境污染。

（4）回收（Recycle）：该原则是将使用过的产品废弃物中尚有利用价值的资源或部件加以回收，减少废弃物的垃圾量，并将可利用的部分加以重复使用或再生。它包括三个方面：一是通过立法形成全社会对资源回收与再利用的普遍共识；二是通过材料供应商与产品销售商联手建立材料回收的运行机制；三是通过产品结构设计的改革，使产品部件与材料的回收运作成为可能。目前塑料的回收已形成一定的机制，塑料产品上一般都有回收标志，如图 1-13 所示。

（5）重复使用（Reuse）：该原则包含两个层次，一是将废弃产品的可用零部件用于合适的结构中，继续发挥其作用；二是更换零部件，使原产品重新返回使用过程。产品重复使用的频率越高，越是降低了废弃物产生的速率。图 1-14 所示是以回收旧物制作各式新潮家具而闻名的设计师 Campana Brothers 将废弃的轮胎结合竹编工艺制成的椅座 Transneomatic Large，体现了其一贯的环保创意。

图1-13　塑料的回收标志

图1-14　椅座

（6）再生（Regenerate）：该原则是将尚有资源利用价值的废弃物回收后，重新加工制成有利用价值的原料或产品。它包含了两个方面：一是将通过回收材料和资源再生产的设计产品投入市场；二是通过宣传与产品开发，使再生产的产品被消费者接受与欢迎。虽然以目前的回收再生技术和成本来看，有时回收再生的成本要高于利用全新原材料的成本，但其意义却是不同的。

3. 产品设计的绿色理念

在产品设计领域，绿色设计已成为可持续发展理论具体化的新思潮与新方法。产品绿色设计的目的，就是要克服传统产品设计的不足，使所设计的产品既能满足产品的功能要求，又能满足保护环境与可持续发展的要求。表 1-1 所示是绿色设计与传统设计的对比。

表 1-1　绿色设计与传统设计的对比

比较因素	传 统 设 计	绿 色 设 计
设计目的	以需求为主要设计目的	以需求和环境为设计目的
设计依据	依据用户对产品提出的功能、性能、质量及成本要求来设计	依据环境效益、生态环境指标以及产品功能、性能、质量及成本要求来设计
设计人员	很少或没有考虑到有效的资源再生利用及对生态环境的影响	在概念设计阶段，就考虑资源再生利用及对生态环境的影响
设计技术及工艺	很少考虑产品回收，仅考虑有限的贵重金属材料回收	设计制造考虑可拆卸、易回收、不产生毒副作用及保证产生最少的废弃物
产品生命周期	产品制造到投入使用	产品制造到投入使用直至使用结束后的处理和回收利用
产品	普通产品	绿色产品和绿色标志产品

产品设计的绿色理念由四个层次组成，如图 1-15 所示。第一层为目标层，以绿色产品为设计的总目标；第二层为绿色设计的内容层，包括产品结构的绿色设计、材料的绿色化选择、环境性能和资源性能的绿色设计；第三层为绿色设计的主要阶段层，即实现绿色设计所考虑的主要过程阶段，包括生产过程、使用过程和回收处理过程；第四层为设计因素层，即绿色设计应考虑的主要因素，包括时间、材料、成本、能源和环境影响等。

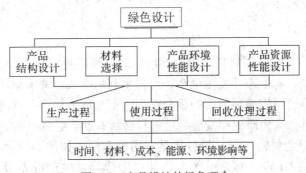

图1-15　产品设计的绿色理念

设计师应始终秉持"从开始就要想到终结"的绿色设计理念，即在产品设计的初期，就应详细考虑产品生命周期全过程中对环境影响的各种因素，如结构、材料、制造、包装、行销运输、使用后的回收及废弃物的处理等。设计产品时，应具体考虑以下几个方面：

（1）安全性：设计的产品要充分考虑到对人的安全性和对环境的无污染性。

（2）节能性：世界上各类资源日趋贫乏，人类的任何一种行为都应考虑到节约能源与资源，因此应以减少用料或使用可再生的材料为基础，提高材料、能源和其他资源的使用效率，提高产品效能，延长产品的生命周期，降低产品的淘汰更换率。尽量采用节能新技术和省料新工艺，减少不必要的造型装饰。

（3）生态性：应考虑到设计对环境保护的重要意义，尽量避免因设计不当和选材失误而造成的环境污染与公害。提倡使用无害于环境的材料和在自然环境下易降解、易于回收的材料。

(4) 社会性：设计是时代文化的一种象征，任何设计都应考虑到对社会模式、文化价值观、伦理道德及精神领域等诸方面的影响，因此应积极引导消费者树立绿色的消费意识，顺应消费者的环保心理，树立绿色产品形象。

图 1-16 所示的是由三位设计师共同设计完成的垃圾桶。该垃圾桶采用可回收利用的环保纸制成，设计师将一层一层的环保纸篓叠放在一起然后用一个圆环固定好，当最上面一层的纸篓装满后取出一并扔掉即可。这款环保垃圾桶曾在 2009 年的米兰设计周上展出，其充分体现了设计的绿色观念。

图1-16　环保垃圾桶

1.2.2　绿色材料

绿色材料，又称环境协调材料、生态环境材料、环境材料，是指具有良好使用性能，对资源和能源消耗少，对生态环境污染小，可再生利用率或可降解循环利用率高，在材料的制备、使用、废弃及再生循环利用的整个过程中都与环境协调共存的一类材料。绿色材料是绿色设计的基础，大力研究和发展绿色材料必然有助于绿色产品的开发和推广。

绿色设计中以绿色材料进行材料替代是常用的手法。如图 1-17 所示是一款用绿色材料制作的吸尘器(VAX EV)，它是一个高性能的吸尘器，生产成本很低。外壳采用方便回收利用的纸板制成，内部无法用纸板完成的结构使用纯尼龙的可回收材料制成。目前 VAX EV 已经被英国知名地板护理品牌以环保产品的身份开始生产。

图1-17　VAX EV吸尘器

下面介绍一些当前常见的绿色材料。

1. 生物降解材料

生物降解材料是指在适当和可表明期限的自然环境条件下，能够被细菌、真菌和藻类等微生物完全分解变成低分子化合物的材料。

按照生物降解过程，生物降解材料大致可分为两类：一类是完全生物降解材料，如天然高分子纤维素、人工合成的聚己内酯等，其分解主要包括由于微生物的迅速增长而导致的塑料结构的物理性崩溃，由于微生物的生化作用、酶催化或酸碱催化下的各种水解，以及由于其他各种因素造成的自由基连锁式降解；另一类是微生物崩解性材料，如淀粉和聚乙烯的掺混物，其分解主要是由于添加剂被破坏并削弱了聚合物链，使聚合物分子量降解到微生物能够消化的程度，最后分解为二氧化碳和水。生物降解材料适合作为环保材料、包装材料、医用材料，广泛应用于各个行业，可以代替部分通用材料。

2. 循环再生材料

材料的循环再生利用是节约资源、实现可持续发展的一个重要途径，同时也减少了污染物的排放，避免了末端处理的工序，增加了环境效益。废弃物循环再生利用在全世界已比较流行，特别是材料再生及循环利用的研究几乎覆盖了材料应用的各个方面，如各种废旧塑料、农用薄膜的再生利用，铝罐、铁罐、塑料瓶、玻璃瓶等旧包装材料的回收利用，冶金炉造的综合利用，废旧电池材料和工业垃圾中金属的回收利用等。如图1-18所示是一款更易回收的饮料瓶。设计师为了方便回收，设计了一种螺旋状的饮料罐，喝完饮料后将罐子旋转就可以缩小它的体积。

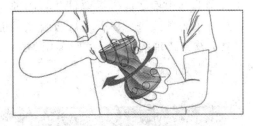

图1-18 易回收饮料瓶

材料的循环制备和使用是国际上许多材料科学工作者潜心研究的热门领域，也是环境材料研究的一项重要内容。一般来说，可再生循环制备和使用的材料具有以下特征：

(1) 可多次重复循环使用。

(2) 废弃物可作为再生资源。

(3) 废弃物的处理消耗能量少。

(4) 废弃物的处理对环境不产生二次污染或对环境影响小。

3. 净化材料

净化材料是指能分离、分解或吸收废气或废液的材料。如今对于净化材料的研发已取得了一定的进展，净化材料的种类也日益丰富，如活性炭水净化材料、光催化环境净化材料、稀土汽车尾气净化材料等。

4. 绿色建材

绿色建材又称生态建材、环保建材和健康建材，是指健康型、环保型、安全型的建筑材料。绿色建材一般具有消磁、消声、调光、调温、隔热、防火、抗静电等性能，有些材料甚至具有调节人体机能的功能。绿色建材主要有以下几类。

（1）普通建材：满足强度要求并对人体无害的建材，这也是对建材的最基本要求。

（2）废弃物型的建材：利用工业废弃物、建筑垃圾和生活垃圾制造的各种建材。数量最多的是用工业废弃物制造的建材。

（3）节能型建材：包括节能型墙体材料、节能型的瓦片和外墙、光电化学电池玻璃窗、太阳能贮热住宅材料等。其中太阳能贮热住宅材料利用化学反应储存太阳能，同时利用相变潜热贮热、化学贮热等不同的方式，可随气候和季节变化调节室内温度。

（4）健康型材料：对人体健康有利的非接触性材料，有远红外材料、磁性材料等。日本研究人员发明了一种由远红外陶瓷制成的内墙板，采用这种板材可提高空气和水的活性，使室内空气得到净化并具有清爽感。

（5）抗菌材料：自身具有杀灭或抑制微生物功能的一类新型功能材料。

5. 绿色能源材料

绿色能源材料是一种特殊材料，它没有具体形态，却能够在绿色设计中发挥重要的作用，其表现形式便是绿色能源——太阳能、风能、水能以及废热和垃圾发电能源等洁净的能源。

图 1-19 所示为美国 2011 IDEA Award 的获奖作品，即 City Context（城市文脉）的绿色设计，该设计不同于其他概念性设计，而是一种实用有效的设计。它结合了绿色能源和废物的利用理念，将垃圾桶与太阳能路灯一体化设计，不仅方便节能，还对城市整体风貌做了有效改进。白天路灯吸收太阳能，灯柱显示各种颜色和鲜明的图标，使人能够轻易分辨垃圾桶的种类。同时使用磁卡打开垃圾收集器，解决了垃圾的盗窃、意外翻倒、卫生等常见问题。

图1-19　City Context

1.2.3　影响材料选择的环境因素

产品总是在一定的环境中使用，因此选择材料时，必须全面考虑产品的使用环境及其影响因素。

1. 冲击与振动

产品在使用环境中受到冲击和振动，可能会导致产品基本结构的破裂。如果冲击和振动产生的应力超出材料的许用应力，会导致材料失效。

2. 温度与湿度

温度的极端值是材料选择中必须考虑的重要因素。例如，在具有极端温度（特别热或特别冷）的场合，选用导热率低的材料来制作手动控制器的操纵手柄会更合适，因为这样的材料有助于降低热传导。湿度也会对材料造成影响，比如某些塑料受潮后会引起尺寸的变化，进而影响机器性能；有的金属在湿度较大的环境中极易锈蚀。

3. 人为破坏

材料的选择除了需要考虑正常的使用环境外，还要考虑到人为破坏的可能性，比如产品在使用、运输等过程中难免会遭受到有意或无意的人为破坏，因此在材料选择中应予以重点考虑。人为破坏更多地会发生在产品的人机交互界面部分，像公共场所的设备（如邮箱、废物箱等）常会遭到不适当的对待而极易损坏，在这种场合采用价格较低、易于更换和易于涂饰的材料更合适。

4. 火灾危害

从安全和耐用的角度考虑，火灾危害是材料选择时必须考虑的因素。其选择的准则包括：材料的易燃性，火焰的蔓延速度，燃烧时是否会产生易爆或有害的气体，材料的抗高温性能（即材料在高温中仍能保持其正常功能的时间长度）。在产品设计中，如果材料选择不当，产品工作时产生的热量会使某些材料释放出有毒气体，加速某些材料的老化或龟裂。

5. 生物危害

某些材料，如木材、橡胶和某些塑料会被昆虫或鸟类及其他动物吞食，因此材料选择时应考虑生物危害，保证产品的使用寿命和安全可靠性。

6. 污损

污损是指产品表面受到污物或因为清洗表面污物而造成某种程度的损坏。如处于一定电压下的某产品，当其表面的绝缘层破损势必会增加漏电的危险性，因此这种产品就应选用不易被污物弄脏的材料，或在结构设计上保证其易于清洗。

7. 气候影响

紫外线、霜冻和雨水是气候环境中对材料影响较大的因素。如果选用了不适当的材料，产品就容易老化或锈蚀从而缩短其使用寿命，或使机器上的操作指令符号褪色、模糊而影响操作。

8. 噪声

噪声是有害的，尤其是预料之外的噪声。设计时需要考虑选择适当的隔音材料作为防护，如复合板材能降低噪声的传导，而刷有油漆的金属却会使噪声问题更加恶化。

环境因素对材料选择的影响不容忽视。对于不同产品，其材料选择考虑的侧重点会有所不同。

1.3 材料设计的内容与方式

19世纪前的制品都采用天然材料，因此材料与制品的关系相对固定。由于材料种类稀少，设计中改变材料性质、用途、重新组合的可能性极小，改变材料的色彩，或将不同的材料组合起来就成了设计的主要任务。20世纪初塑料诞生后，由于塑料质地均匀，价格便宜，适合批量生产，因此大部分器具纷纷以塑料替代天然材料，其中尤其突出的是用尼龙代替丝绸。这个时期，设计多用塑料模仿玻璃、陶瓷、木材等单材料制作生活器具，但仍未摆脱"替代设计"的特质。20世纪70年代以后，更多具有特殊性质的塑料品种在工业生产中得到广泛应用，设计已不再是被动地运用塑料，而是充分发挥各种塑料特性进行包括汽车、飞机、家具、建筑等多领域的产品设计。随着材料品种的增多，设计开始面临确切表达和利用材料特性的问题。

随着科学技术的进步，人类逐步认识到材料科学必须与人、社会、环境取得协调，近年来，人类已不甘心被动地接受材料科学的研究成果，而是从"以人为本"的角度出发，积极评价各种材料在设计中的价值，挖掘材料在造型设计中的潜力，有意识地运用新材料和新技术来创造新产品，同时关注环境问题，从而出现了"材料设计"的理念。

1. 材料设计的内容

产品设计中的材料设计，就是以包括"物—人—环境"的材料系统为对象，将材料的性能、使用、制造、开发、废弃处理和环境保护看成一个整体，着重研究材料与人、社会、环境的谐调关系，对材料的工学性、社会性、经济性、历史性、生理性、心理性和环境性等问题进行平衡和把握，积极评价各种材料在设计中的使用和审美价值，使材料特性与产品的功能达到高度的和谐统一，使材料具有开发新产品和新功能的可行性，并从各种材料的质感中获取最完美的结合和表现，给人以自然、丰富、亲切的视觉和触觉的综合感受。图1-20所示为材料设计系统。

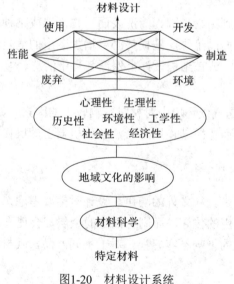

图1-20 材料设计系统

材料设计能有效地发掘材料为设计服务的潜力，使设计在色彩、形态、制造工艺方面所受的限制大幅度降低，使设计的可能性不断增强，通过有意识地运用各种新技术和新手段来创造新材料，运用新的组合方式、新的形态和拥有新的性质的各种材料进行新产品的开发。因此，在选择材料时，不仅要从材料本身的角度考虑材料的功能特性，还必须从使用者和环境的角度考虑材料与人机界面的关系，考虑材料与周围环境的有机联系，考虑环境污染和非再生资源的滥用等问题。

2. 材料设计的方式

产品造型中的材料设计，其出发点在于原材料所具有的特性与产品所需性能之间的充分比较（见图1-21），其主要方式有两种：

（1）从产品用途出发，思考如何选择或研制相应的材料。其一般流程如下：

① 当有合适的材料可供选择时，应充分展开对产品所需性能与原材料所具有特性的比较与评价，从性能、成本等多方面深入探讨对材料及其应用方法的选择。

② 当没有合适的现成材料可供选择时，应选用合适的原材料研制能高度满足产品性能要求的新材料。

③ 研制与开发产品化过程中的应用技术。在产品具有高度性能化的现代设计中，从材料直接变成产品的情况极少。从造型结构到外观质感都需通过适当的产品化应用技术来实现，当前还需加入废弃技术和再生资源利用技术。

（2）从原材料出发，思考如何发挥材料的特性，开拓产品的新功能，甚至创造全新的产品。近年来，随着各种新技术的不断开发，诞生了各种新的原材料，这些原材料不仅等待着新用途的开发，也为新造型提供了重要的物质基础。同时，类似新材料的新用途开发，还有再利用、再资源化的废弃物用途开发。

不论是哪一种方式，其根本都是使原材料的特性与产品所需性能达到最佳匹配。

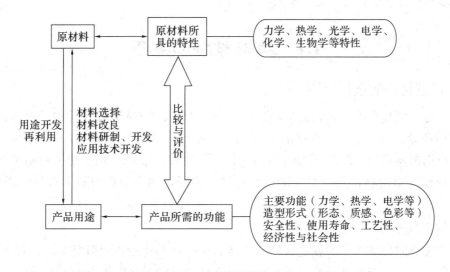

图1-21 材料设计的方式

3. 材料与产品的匹配关系

产品设计包括功能设计与形式设计两个方面。材料是产品设计主要的处理对象，因为材料既是维持产品功能形态的物质基础，也是直接被产品使用者所视及与触及的唯一对象，

13

因此材料应与产品的功能设计层面和形式设计层面取得良好匹配，其匹配关系如图1-22所示。

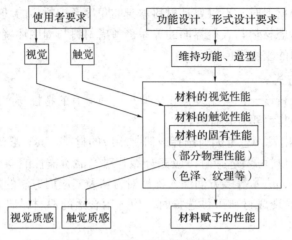

图1-22 材料与产品的匹配关系

从图可以看出，材料性能分为三个层次：

（1）固有性能：它是材料的核心，包括物理性能、化学性能、加工性能等。

（2）触觉性能：它是材料的中间层次，是人的感觉器官能直接感受的材料性能，包括部分的物理性能，如硬软、重轻、冷暖等。

（3）视觉性能：它是材料能直接赋予人视觉的表面性能，如肌理、色彩、光泽等。

产品功能设计要求与材料的固有性能相匹配。产品形式设计除了产品的形态之外，还必须考虑材料与使用者的触觉、视觉是否相匹配。

1.4 造型材料的选用

1.4.1 造型材料的选用原则

设计是一种复杂的行为，它涉及设计者感性与理性的判断。与设计的其他方面相比，材料选择是最基本的，材料选择的适当与否，对产品内在和外观质量影响很大。因此，设计师在选择材料时，要尽可能地做到材料与产品的最佳匹配。由于造型材料种类繁多，正确、合理地选用材料是一个实际而又重要的问题，通常造型材料的选择应遵循以下原则。

1. 使用性原则

材料选择的最基本要求就是其性质应能满足产品的功能和使用要求，达到所期望的使用寿命，同时也能够满足产品对结构、工作环境及安全性能等方面的要求。如加工机床一般都是选用钢铁等金属材料制作而成的，这是因为机床是用于加工零件的设备，体积较大，对材料强度、耐久度等要求较高，而这些功能和使用要求是塑料、木材等材料难以满足的。

2. 工艺性原则

材料的工艺性表示了材料的加工难易程度，主要与材料的工程性质和材料的加工工艺有关。

材料的工程性质主要包括材料的强度（抗拉强度、抗压强度、抗弯强度、抗剪强度）、疲劳特性、刚度、稳定性、平衡性、抗冲击性等。材料只有经过加工才能成为产品，容易加工成型的材料是设计师的理想选择，而材料与加工工艺、企业设备是紧密相关的，设计师在选材时，实际上也同时指定了产品的加工方法和加工设备。有些新材料虽然具有很好的性能，但其加工工艺复杂，加工难度大，因此除非没有其他可代替的材料，应尽量避免选择。然而，有些新材料是专门为了加工方便而研发的，像超塑性合金、高分子合金等，利用这些材料能实现复杂的造型，且加工难度和成本低，因此，设计师在选择材料时必须考虑其加工工艺和企业的设备条件。如果只是一味地强调产品的造型而忽略了加工工艺的可行性以及企业的设备条件，就可能使得设计因工艺和设备等条件限制而难以实现。企业的技术力量、工艺水平、设备情况是保证产品成功的基本条件，作为设计者，应从实际出发，不要为了设计而设计。

如图 1-23 所示为 Artecnica 设计的"拉伸袋"。该袋子的原材料完全来自于可以回收利用的再生材料，同时在设计理念上符合力学要求和自然的对称美学，它可以承受约 34 kg 重量，具有渔网状的外观和五颜六色的色彩。不用时，袋子如同一张平整的白纸，而使用时，它又可以快速变回立体的造型。整个袋子没有任何缝纫、黏合或折叠之处，非常奇妙。这种采用传统的切割工艺制造而成的舒适又富有现代气息的产品，将工艺创新与新型材料相结合，是对传统的继承与发展。

图1-23　拉伸袋

3. 经济性原则

材料的经济性是影响选材的重要因素，它直接影响制造商和消费者的切身利益。材料的经济性，不只是指优先考虑选用价格便宜的材料，更应该考虑材料对产品整个生命周期成本的影响，即选材时必须考虑其制造成本与使用成本，在确保产品本身的使用性和工艺性的前提下，选择经济性更优的材料，能够使其在市场上获得更好的竞争力和最佳的经济效益。图 1-24 所示为产品寿命周期总成本框图。

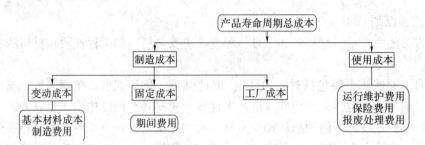

图1-24　产品寿命周期总成本框图

4. 环保性原则

材料选用要有利于生态环境保护，符合绿色设计理念，应注意以下几点：

(1) 少用短缺或者稀有的原材料，优先采用可再利用或再循环的材料。尽可能采用可无限制使用并不需要替代的材料，减少使用非再生材料(通常认为 200 年内不能再生的材料为非再生材料，如石油、矿物质等)，多用废料、余料或回收材料作为原材料，尽量寻找短缺或稀有原材料的代替材料。

(2) 材料使用单纯化、少量化，避免抛弃式的设计。尽量选用可回收重复使用的材料，减少垃圾的产生，提倡易拆卸的结构。如图 1-25 所示，将粉碎的废纸作为芯填入抱枕中，这样制作而成的碎纸抱枕实现了废纸的可重复利用。再利用废弃物不仅能有效减少环境污染，也大大节约了原材料，因此，开发采用再生材料，或者直接利用废弃物制作产品，是十分有意义的设计理念。

(3) 尽量采用相容性好，且废弃后能自然分解并被自然界吸收的材料。图 1-26 所示是利用鱼鳞制造的塑料制品，它是英国皇家艺术学院的研究生发明的一种环保材料，这种材料在热处理下不需要额外的黏合剂就能成型，其灵感来源于渔业造成的巨大浪费。众所周知，塑料废弃物一直是令人头痛的环境污染源，为此人们研制出一种新型环保的塑料材料，这种塑料材料废弃后，在光合作用下会失去其物理强度并脆化，经自然界的剥蚀碎成颗粒进入土壤，并在生化作用下重新进入生物循环，不再给环境造成污染。

图1-25　碎纸抱枕

图1-26　鱼鳞塑料制品

(4) 优先选用易加工且在加工过程中无污染或污染最小的材料。

(5) 优先选用在整个生命周期过程中对生态环境无副作用的材料，而不仅仅只是某一生产过程具有低的环境负荷。尽量提高产品效能，延长产品生命周期，降低产品的淘汰率。

(6) 尽可能采用不加任何涂镀的原材料。现在产品设计中为了达到美观、耐用、耐腐蚀等要求，大量使用涂镀材料，而大部分涂料本身有毒，且涂装工艺本身会给环境带来极大的毒性，电镀时产生的含铬(或其他重金属)的电镀液也严重污染了环境。

5. 创新性原则

随着科学技术的发展，新材料、新技术层出不穷，为产品创新提供了更多的可能性。产品设计中蕴含着很多创新因素，如形态、色彩、肌理等，但对于设计者而言，这些因素的创新实现难度较大，难以做到立竿见影，而选材的创新却为设计创新开启了崭新的大门。利用新材料，可以赋予产品更优良的性能，提升产品质感，受到消费者的青睐。如位于德国吕塞尔斯海姆市(Russelsheim)的设计技术中心设计的概念车，其30多处采用了塑胶(莱克桑聚碳酸酯)技术，所有的这些配置提供了一种平滑的触感：宽大的塑胶玻璃车窗造型产生了一种直升机的观测界面效果；汽车的前防护板完全采用塑胶材料，塑胶的前车灯罩直接嵌在防护板上；前散热格栅的下面区域采用的是具有延展性的基础构造，它可以像海绵体那样发生变形，当车辆与行人发生碰撞时可以减轻伤害；车厢内部的汽车仪表群采用的是具有特殊效果的塑胶材料。

图1-27 会呼吸的沙发

实现创新的另外一种方法，是将一些传统材料以新的形式应用到新的领域中去，如图1-27所示的会呼吸的沙发，它将泡沫的柔软与沙发的居家结合起来，提升沙发的附加价值，吸引消费者。

6. 美学性原则

工业产品的美主要体现在两个方面：一方面是产品外在的感性形式所呈现的美，称为"形式美"；另一方面是产品内在的和谐、有序而呈现出的结构美，称为"技术美"。无论外在易感知的形式美，还是内在不易感知的技术美，只有两者有机结合时，才可以达到产品真正的美。设计师准确把握和运用材料特性，是实现产品美的重要法则，也是成就优良设计的重要一环。图1-28所示的Braille Phone是一款专门用于视力残疾的盲人手机，其外形简洁明快，似电视遥控器。手机在平常的显示屏位置产生

图1-28 Braille Phone

盲文代码，所用材料是一种名为Electric Active Plastic的新材料。

1.4.2 造型材料选择的一般过程

1. 产品对材料的性能要求分析

材料性能主要包括材料的使用性能和工艺性能。使用性能包括物理、化学和力学性能；工艺性能包括成型加工性能和表面处理工艺性能。

物理和化学性能是当产品工作于特殊环境时对其所提出的特殊要求，如工作于大气、土壤、海水等介质中的产品，其材料要具备耐蚀性；用于传导电流的零件要有良好的导电性等。

力学性能是指当产品承受一定负荷时对其材料提出的要求，尤其结构类零部件对力学性能的要求是主要的，或是唯一的。一般分析流程是：

（1）分析工作条件。工作条件包括工作环境和外力。其中，工作环境指环境温度、介质、润滑条件等；外力指载荷谱、载荷大小、载荷分布和变形方式。

（2）分析力学条件。根据力学条件，利用理论力学的静力学平衡原理计算零部件所受外力的平衡条件，用材料力学、弹性力学或实验应力分析方法计算零部件的强度、刚度、稳定性。

（3）由强度、刚度或稳定性条件，选择可满足性能需求的零部件材料及结构。

2. 造型材料的筛选

确定了对材料的性能要求后，进一步将性能要求分为硬要求和软要求，然后对可供选择材料进行筛选。在此过程中，要把材料的经济性、环境性放在重要的地位，仅次于性能分析，即根据产品市场需求和企业现实状况，结合材料、结构和工艺性，把材料的各项经济指标和环境指标作为材料选择的必要条件，对材料的选择进行限制。起初，不必过多地考虑材料的可行性，因为该阶段的重点是产生可供选择的方案。当所有方案产生后，再淘汰明显不合适的方案，最后把注意力集中到看起来现实可行的方案上。在这一阶段设计师的经验和知识积累是非常重要的。

3. 造型材料的评价

筛选后的材料都能不同程度地满足硬要求，而任何材料都有利弊，因此应做出合理的折中和判断，从而确定相对合适的材料。评价阶段可从最关键的性能开始，然后评价次要性能，或是根据所有有关的性能对各类候选材料进行比较。在很多场合，使用系统分级和定量的方法进行评价选择。但是有时评价的结果是两种，甚至三种，材料不相上下，评价的结果不明确，这与对各种要求规定的相对重要性有关。最后若出现没有一种材料能满足各种要求的情况时，则放宽要求或从根本上重新设计。在材料选择和评价时，要注意分析失效形式。它包括两个方面，一是零部件在使用中失效，需对失效的零部件进行失效分析，找出失效原因（设计、选材、工艺和安装使用方面的因素），提出改进措施；二是在设计、选材阶段，根据零部件的工作条件事先对零部件的失效形式进行判断、估计和预测。

4. 造型材料的实际验证

对于成批、大量生产的产品和非常重要的产品应先进行试生产，试生产时要进行台架试验、模拟试验，当确认无误后再投放市场，并不断接受从市场反馈回来的质量信息，作为改进产品的依据。

第2章 造型材料的分类及特性

材料是人类物质文明的基础和支柱。从古至今，材料经历了从石器、陶器、青铜器、铁器、人工合成材料到当前的新型材料。材料不断发展的同时也推动了人类社会的进步。本章主要介绍造型材料的分类、固有特性、工艺特性以及材料特性的评价。

2.1 造型材料的分类

造型材料是指用于产品造型设计的不依赖人的意识而客观存在的所有物质。造型材料的分类方法很多，下面主要从材料的发展历史、物质结构、形态等角度介绍造型材料的分类。

2.1.1 按材料的发展历史分类

日本专家岛村昭治按材料的发展历史将造型材料划分为五代。

第一代的天然材料：不改变其在自然界中所保持的状态或只施加低度加工的材料，如石器时代的木片、石器等。图2-1所示为旧石器时代的石铲。

第二代的加工材料：从矿物中提炼出来经不同程度的加工而得到的材料，如陶瓷、玻璃、金属等。图2-2所示为陶瓷制品。

第三代的合成材料：利用化学合成方法将石油、煤等原料制造而成的高分子材料，如塑料、橡胶、纤维等。图2-3所示为橡胶鞋底。

图2-1 石铲　　　　图2-2 陶瓷制品　　　图2-3 橡胶鞋底

第四代的复合材料：用有机、无机、金属等各种原材料复合而成的材料。图2-4所示为金属基复合材料。

第五代的智能材料：材料的特征随环境条件和时间而变化，是拥有潜在功能的高级复合材料。图2-5所示为智能调温纤维材料，这种纤维材料可主动地、智能地控制周围的温度。智能材料是现代高科技材料发展的重要方向之一，将支撑未来科技的发展。

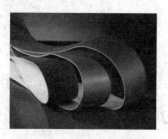 

图2-4　金属基复合材料　　　图2-5　智能调温纤维材料

2.1.2　按材料的物质结构分类

　　造型材料作为客观的物质呈现出特有的物质结构。按其组成、结构等特点，造型材料可分为金属材料、无机材料、有机材料及复合材料等（见表2-1）。

表 2-1　材料按物质结构分类

造型材料	金属材料	黑色金属	铸铁、碳钢、合金钢等
		有色金属	铜、铝及合金等
	无机材料		石材、陶瓷、玻璃等
	有机材料		木材、皮革、塑料、橡胶等
	复合材料		玻璃钢、碳纤维复合材料等

2.1.3　按材料的形态分类

　　造型材料按形状可分为颗粒材料、线状材料、面状材料和块状材料。

1. 颗粒材料

　　颗粒材料主要指粉末或细小颗粒形状的物体。如图 2-6 所示的再生塑料颗粒，经过注塑等工艺再次加工之后可制成相应的塑料制品。

2. 线状材料

　　设计中常用的线状材料有钢管、钢丝、铝管、金属棒、塑料管、塑料棒、木条、竹条、藤条等。图 2-7 所示为一款线状编织结构的灯具。

图2-6　塑料颗粒　　　　图2-7　线状编织结构灯具

3. 面状材料

　　设计中常用的面状材料有金属板、木板、塑料板、合成板、皮革、纺织布、玻璃板、纸板等。图 2-8 所示为胶合板制作的桌子。

4. 块状材料

设计中常用的块状材料有木材、石材、泡沫塑料、混凝土、铸钢、铸铁、铸铝、油泥、石膏等，图2-9所示为石材制作的桌椅。

图2-8 胶合板桌   图2-9 石材桌椅

2.1.4 其他分类

（1）按材料的来源，造型材料可分为天然材料和人工材料。

（2）按材料的用途，造型材料可分为结构材料和功能材料。

（3）按材料的状态，造型材料可分为气态材料、液态材料和固态材料。

（4）按材料的结晶状态，造型材料可分为单晶材料、多晶材料和非晶材料。

（5）按材料的性能特点，造型材料可分为导电材料、绝缘材料、半导体材料、磁性材料、耐热材料、高强度材料等。

2.2 造型材料的固有特性

2.2.1 材料的物理特性

1. 密度

密度是指单位体积的质量，即质量与体积的比值，用符号 ρ 表示，$\rho=m/V$（m 表示质量、V 表示体积）。在产品设计选择材料时，密度是一项重要的物理特性。特别是在特定环境下对产品重量有要求时，要根据材料密度结合其他物理性能指标适当选材。

2. 力学性能

1）强度

材料在外力作用下抵抗永久变形和断裂的能力称为强度。强度是衡量材料力学性能的重要指标，分为抗压强度、抗拉强度、抗弯强度和抗剪强度。

（1）抗压强度。抗压强度是材料承受压力的能力（见图2-10）。在同等压力下发生变形较小的材料，其抗压强度较大。

（2）抗拉强度。抗拉强度是材料承受拉力的能力（见图2-11）。在同等张力下发生变形较小的材料，其抗拉强度较大。

（3）抗弯强度。抗弯强度是材料对致弯外力的承受能力（见图2-12）。该指标主要用于考查脆性材料的强度。

（4）抗剪强度。抗剪强度是材料抵抗内部滑动的能力（见图2-13），即对剪切力的承受能力。

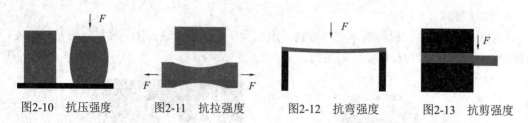

图2-10 抗压强度　　　图2-11 抗拉强度　　　图2-12 抗弯强度　　　图2-13 抗剪强度

2）弹性和塑性

（1）弹性是指材料在外力作用下产生变形，当外力取消后，材料的变形即可消失并能完全恢复原来形状的性质，如图2-14所示。

（2）塑性是指在外力作用下材料产生变形，如果取消外力，仍保持变形后的形状尺寸，并且不产生裂缝的性质，如图2-15所示。这种不能恢复的变形称为塑性变形，塑性变形为不可逆变形，是永久变形。

图2-14 材料的弹性　　　　　　图2-15 材料的塑性

3）脆性和韧性

（1）脆性是指材料在外力作用下，当外力达到一定限度后，材料发生突然破坏，且破坏时无明显的塑性变形，如图2-16所示。具有这种性质的材料称为脆性材料。

（2）韧性是指材料在冲击或振动荷载作用下，能吸收较大的能量产生一定的变形而不被破坏的能力。如图2-17所示，材料在沿某处弯曲之后变形而不受破坏。

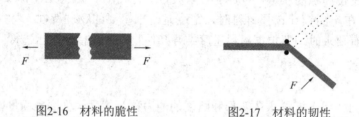

图2-16 材料的脆性　　　　　　图2-17 材料的韧性

4）刚度

刚度是指材料在受力时抵抗弹性变形的能力。刚度是材料弹性变形难易程度的一个象征，常用弹性模量 E（应力与应变量的比值）来衡量。

5）硬度

硬度是材料表面抵抗塑性变形和破坏的能力，或是克服其他较硬物体压入或刻划的能力。

6）耐磨性

耐磨性是指材料表面抵抗磨损的能力。材料的耐磨性以磨损量作为衡量标准。材料的耐磨性与材料的组成成分、结构、强度、硬度等有关，一般来说，强度较高且密实的材料，其硬度较大，耐磨性较好。

3. 材料的热学性能

材料及其制品都在一定的温度环境下使用，将其在使用过程中对不同的温度表现出的热物理性能称为材料的热学性能。

1）导热性

导热性是指物质传导热量的性能，通常用导热系数表示。在产品设计中根据不同需求应选择具有不同导热性能的材料，如厨房用的锅具，锅体采用导热性较好的金属，而手柄采用导热性较差的木材、橡胶或塑料材质。

2）耐热性

耐热性是指材料在受热条件下仍能保持其优良物理性能的性质，常用材料的最高使用温度来表征。

3）热稳定性

热稳定性是指材料在不同温度范围波动时的寿命，即抗热振性。改性能一般用急冷到水中不破裂所能承受的最高温度来表示。热稳定性与材料的热膨胀系数和导热性有关。

4）热胀性

热胀性是指物体受热后膨胀、受冷时缩小，即热胀冷缩的性质。大多数材料都具有这种性质。材料的热胀性由热膨胀系数表示，晶体结构致密、结合键强度大，则热膨胀系数小。

5）耐燃性

耐燃性是指能承受火焰燃烧并保持材料使用性能的能力。根据材料耐燃能力分为易燃材料和不燃材料。

6）耐火性

耐火性又称耐熔性，是指材料长期抵抗高热而不熔化的能力。根据材料耐火能力分为耐火材料、难熔材料和易熔材料。

4. 材料的电性能

材料的电性能包括导电性和电绝缘性两个方面。

1）导电性

导电性是指材料传导电流的能力。不同的材料其导电能力也不同，一般来说金属、半导体、电解质溶液或熔融态电解质和一些非金属都可以导电。在金属中，银的导电性最好，其次是铜和金。根据导电性的强弱，可将材料分为导体、半导体和绝缘体。

2）电绝缘性

与导电性相反，材料阻止电流的能力称为电绝缘性，通常用电阻率、介电常数及击穿强度来表示。电阻率越大，材料电绝缘性越好；介电常数越小，材料电绝缘性越好；击穿强度越大，材料电绝缘性越好。

5. 材料的磁性能

材料的磁性能是很重要的一种物理性能，是指金属材料在磁场中被磁化而呈现磁性强弱的性能，包括铁磁性、顺磁性和抗磁性材料。

铁磁性材料：外加磁场后，能被强烈磁化到很大程度的材料，如铁、钴、镍及其合金等。

顺磁性材料：外加磁场后，被微弱磁化的材料，如锰、铬、钼等金属。

抗磁性材料：能够抵抗或减弱外加磁场磁化作用的材料，如铜、金、银、铅、锌等。

6. 材料的光性能

材料的光性能是指材料与光相互作用时产生的各种性能，如反射、折射和透射。光性能通常用白度、光泽度、透光度等衡量。白度衡量材料对白色光的反射能力，光泽度衡量材料表面对可见光的反射能力，透光度是指允许可见光透过的程度。不同材料对可见光的吸收和反射性能不同，玻璃、石英、金刚石等是众所周知的可见光透明材料，金属、陶瓷、橡胶和塑料等在一般情况下对可见光不透明。正是由于此，我们看到了色彩斑斓的世界。彩图 2-18 所示的是汽车使用的材料经反射、透射所呈现出的色彩。

2.2.2 材料的化学特性

材料的化学性能是指在室温或高温下，材料抵抗介质的化学侵蚀的能力。它是衡量材料性能优劣的主要质量指标。

1. 化学稳定性

化学稳定性是指材料在化学因素作用下保持原有物理、化学性质的能力。比如在塑料中，聚四氟乙烯(PTFE)的化学稳定性超过其他塑料，号称"塑料王"，其次是氟化乙烯丙烯共聚物(FEP)，而聚酰胺(PA)的化学稳定性相对较弱。

2. 耐腐蚀性

耐腐蚀性是指材料抵抗周围介质腐蚀破坏作用的能力，由材料的成分、化学性能、组织形态等决定。例如，为了提高钢的耐腐蚀性，可加入铬、镍、铝、钛，也可加入改变电极电位的铜以及改善晶间腐蚀的钛、铌等。

3. 抗氧化性

抗氧化性是指材料在高温时抵抗氧化腐蚀作用的能力。例如，铝的活性很强，在空气中很容易被氧化，所以铝的抗氧化性很弱，但是其表面被氧化成氧化铝后，产生钝化层，氧化铝不能再被氧化，其具有较强的抗氧化性。

4. 耐候性

耐候性是指材料及制品置于室外经受各种气候的考验保持其物理、化学性质不变的能力。例如，玻璃、陶瓷的耐候性好，而塑料长期暴露在大气、阳光等环境下，易出现老化现象，因而耐候性相对较差，但是为了克服这一缺点，现大多数塑料制品当中都添加了耐候剂。

2.3　造型材料的工艺特性

造型材料的工艺特性是指造型材料适应各种工艺处理的能力，它决定了造型材料能否进行加工或如何进行加工，以及加工效率、产品质量和生产成本等，是造型材料固有特性的综合反映。工业产品设计方案大都要通过一定的加工成型工艺形成具有一定形态、结构、尺寸和表面质量的产品实体。如彩图 2-19 所示的水壶，看似由合成材料制成，但实则是由最为古老的陶土制成，其奇特的造型在加工时需要采用分模工艺，即采用四块模具实现其最终造型。因此，为了实现产品设计的最佳效果，设计师需全面了解造型材料的工艺特性，掌握实现产品的各种技术手段。造型材料工艺包括成型加工工艺和表面处理工艺两大类。

2.3.1　成型加工工艺

成型加工包括熔融状态下的一次加工，也包括冷却后的车、铣、刨、磨等二次切削加工。产品设计常用的造型材料，如金属、塑料、木材、玻璃及陶瓷材料，都具有各不相同的成型加工工艺及工艺特性，后面章节会详细介绍。本小节主要介绍影响成型效果的工艺因素以及加工成型工艺的选择原则。

1. 成型加工工艺对成型效果的影响因素

成型加工的工艺方法、工艺水平、工艺技术、新工艺等都会对产品的成型效果产生影响。

1）工艺方法

不同的造型材料具有不同的成型工艺方法，比如金属材料有铸造、塑性加工、切削加工、焊接加工等成型工艺，塑料材料有塑料成型、热成型、机械加工、连接等成型工艺，木材有切削加工、弯曲、连接等成型工艺，玻璃材料有玻璃成型、热加工、冷加工等成型工艺，陶瓷有注浆成型、可塑成型、压制成型、黏结等成型工艺。针对不同造型以及材料，选择不同的工艺方法，则产品的成型效果、生产效率等都不同。

2）工艺水平

产品在造型材料、结构及工艺方法均相同的条件下，若工艺水平不同，则会导致成型质量和效果有所差异。例如采用注射成型的塑料制品，若设备、环境及各方面条件等引起工艺水平不同，则制品质量及外观效果会有很大的不同。因此，提高工艺水平也是保证产品质量与造型效果的重要途径之一。

3）工艺技术

随着科学技术的不断发展，先进工艺和新技术不断涌现，如成型工艺中的精密制造、精密锻造、精密冲压等，加工工艺中的电火花、电解、激光、电子束、超声波加工等。利用这些新的工艺技术可更好地控制或满足难以加工的造型要求，使得产品质量更可靠，外观更富有创造性。图 2-20 所示的 iPhone 5C 苹果手机简洁、明快、大方，为了克服目前大部分塑料壳体存在刚性不足的问题，苹果公司采用新的工艺技术，在硬质涂层的聚碳酸酯外壳内安装钢架结构，该钢架结构能够非常方便地由定制好的金属框架嵌入到聚碳酸酯塑料后盖上。

图2-20　iPhone 5C

4）新工艺

随着材料科学的不断发展，新材料、新工艺层出不穷。比如快速成型技术（见第 9 章）就是 20 世纪发展起来的一种新型制造方法，它是根据 CAD 模型通过材料的有序累加而

快速制造出样件或者零件的成型方法。快速
成型技术集成了 CNC 技术、材料技术、激光
技术以及 CAD 技术等现代的科技成果，打破
了传统成型工艺的局限性，可做到"即想即
成"，是现代先进机械加工技术的重要组成部
分。图 2-21 所示为美国旧金山的 Divergent
Microfactories（DM）公司推出的世界上首款
3D 打印超级跑车"刀锋"（Blade），其造型
美观，动感十足。此款车采用 3D 打印零部件，

图2-21　3D打印超级跑车"刀锋"（Blade）

通过一系列铝制"节点"和碳纤维管材拼插相连，轻松组装汽车底盘，因此其制造工艺
更加环保。虽然快速成型技术在目前可用材料种类、成本、效率、精度等方面受到技术
限制，但其在产品设计的样机试制以及航空航天、珠宝、医疗等行业都有不可估量的发
展前景。

　　5）工艺方法的综合应用

　　成型工艺方法众多，加之工艺技术不断更新，新工艺不断涌现，综合运用这些工艺手
段，可以使设计思维不再受到成型工艺方法的局限，不仅使得设计产品满足各种功能和性
能需求，还能达到更佳的视触觉质感效果。

　　2. 成型加工工艺选择原则

　　成型方法的选择是产品设计过程中的一项重要内容，一般应遵循以下原则：

　　（1）适用先进性：由于产品的使用要求不同，对材料以及成型方法的选择不同。例如，
发动机的叶片，受力复杂，精度要求高，可采用耐高温材料的切削加工成型方法；通
风机的叶片，受力小，尺寸要求不严，可采用低碳钢板的冲压成型加工。在成型工艺
选择时，应充分考虑材料特性，使得材料在成型过程中满足产品造型、结构、尺寸等
要求。对于一些结构复杂、难以采用单种成型方法实现的，可结合多种成型工艺。在
条件允许的情况下，可考虑选择先进的工艺技术，因为先进工艺和高新技术能提高产
品质量和生产效率，减少物耗能耗。

　　（2）安全可靠性：成型加工工艺应选择技术质量可靠，且经过生产实践检验证明其是
成熟的工艺方法。同时，采用的工艺技术在正常使用过程中应能保证生产安全运行。

　　（3）经济合理性：成型加工工艺选择应着重分析所采用的工艺技术是否经济合理，是
否有利于降低投资和产品成本，以便提高产品的经济效益。在成型加工时，对于影响产品
性能质量的关键部位，要重点进行工艺选择，并严格控制工艺过程要求。

　　（4）环境相宜性：成型加工工艺选择应注重与环境的相适宜，充分考虑生产工艺对环
境的影响与破坏。例如，美国在展望未来的制造业时，发展无废弃物成型加工技术（Waste-
free Process），即加工过程中不产生废弃物，或产生的废弃物能在整个制造过程中作为原
料而被利用，并在下一个流程中不再产生废弃物。由于无废物加工减少了废料、污染和能
量的消耗，因而成为以后重要的绿色工艺技术发展方向。

2.3.2　表面处理工艺

　　表面处理工艺是指在基体材料表面形成一种与基体性能不同的表层的工艺方法，如经

过电镀、涂装、研磨、抛光、覆贴等不同的表面处理工艺，产品或将改变材料的表面性质与状态，或将获得精美的色彩、光泽、肌理及图案等外观效果。

1. 表面处理目的

1）保护作用

常用的工业造型材料都具有良好的视觉效果，如金属材料表面平滑、有光泽，木材表面纹理清晰、色泽柔和，塑料材料颜色鲜艳，具有一定透明性。由这些材料制成的产品，在各种使用环境中，若不进行适当的表面处理，则极易受到空气、水分、日光、盐雾、霉菌和其他腐蚀性介质的侵蚀，表面出现失光、变色、粉化及开裂等问题，甚至会导致产品损坏或失效等严重后果。因此大多数产品都需要通过表面处理技术提高产品的耐用性和安全性，例如在飞机蒙皮上采用表面涂层的方法，防止飞机在空中高速飞行时受到恶劣介质的侵蚀。

2）装饰作用

表面处理可以美化产品，即通过表面处理可以改善产品表面的色彩、亮度和肌理等，使产品具有更好的视觉和触觉效果，如彩图 2-22 所示的手机，就是通过表面处理工艺得到各种颜色、图案的视觉效果，以满足不同用户的喜好需求。

3）特殊作用

表面处理还可以赋予材料一些特殊功能，比如提高材料表面的硬度，比如使材料表面具有导电、憎水和润滑等特殊功能。

2. 表面处理工艺类型

表面处理工艺涉及化学、物理、电学等多种学科。不同的产品对表面处理的功能和效果要求不同，因此衍生出各种各样的表面处理工艺。表 2-2 是工业产品常用的表面处理工艺。

表 2-2　工业产品常用的表面处理工艺

类 型	特 点	目 的	常 用 方 法
表面被覆	在材料表面形成新的物质层	通过新物质层起到保护作用，如耐腐蚀、防潮等；装饰作用，如着色等	涂层被覆（油漆喷涂、上油等） 镀层被覆（镀金、镀银、镀铬等） 珐琅被覆（搪瓷、景泰蓝）
表面层改质	改变材料表面性质或渗入新物质成分	改善材料表面性能，提高耐腐蚀性、耐磨性；作为着色装饰处理的底层	化学方法（化学处理、表面硬化） 电化学方法（阳极氧化）
表面精加工	不改变材料表面性质，进行平滑、凹凸、肌理等加工	使材料有更理想的表面性能或更精致的外观	机械方法（切削、研磨、喷砂等） 化学方法（蚀刻、电化学抛光等）

1）表面被覆

表面被覆处理是一种非常重要的表面处理方法，其被覆处理层是一种皮膜，如涂层或镀层，它们覆盖在产品表面。

（1）涂层被覆。涂层被覆是在制品表面形成以有机物为主体的涂层，是一种简单而又经济的表面处理方法，在工业上通常称为涂装。涂层被覆主要是防止制品表面受腐蚀、划伤、脏污，提高制品的耐久性。涂层被覆也可通过不同的涂料及工艺手段获得需要的色彩、光泽和肌理，如彩图 2-18 所示的汽车采用涂层被覆后，呈现出漂亮的表面质感。根据需要还可以赋予制品隔热、绝缘、耐水、耐药品、耐腐蚀、隔音、导电、防霉和防虫等功能，特别是通过涂层被覆与其他表面处理相叠加的多重处理，可得到能耐相当苛刻使用环境条件的多重防蚀涂层，如飞机表面的涂层。

根据涂装后基材是否清晰可见，涂装工艺分为透明涂装、半透明涂装和不透明涂装；根据涂层反射光线的强弱，涂饰工艺分为亮光涂饰、半亚光涂饰和亚光涂饰。

绝大多数造型材料都可以进行涂装，如金属、塑料、木材、陶瓷、玻璃及水泥等材料都是常用于涂装的基本材料。

涂装所用的涂料，主要由成膜物质、颜料、辅助剂和稀料等混合加工而成。成膜物质是涂料中的主要成分，大多数为各种合成树脂，其作用是将其他成分黏结成整体，并使涂料附着于被覆盖物的表面。涂料种类较多，表 2-3 所示是常用涂料的类型及应用。由于有机溶剂涂料在使用时污染环境，同时又为了节省资源，因此涂料已由有机溶剂型向水性涂料、粉体涂料、固体组分涂料和反应性涂料转化。

表 2-3　常用涂料的类型及用途

序号	涂料类型	主 要 用 途
1	醇酸漆	金属、木器、家庭装修、农机、汽车、建筑等的涂装
2	丙烯酸乳胶漆	内外墙涂装、皮革涂装、木器家具涂装、地坪涂装
3	溶剂型丙烯酸漆	汽车、家具、电器、塑料、电子、建筑、地坪等的涂装
4	环氧漆	金属防腐、地坪涂装、汽车底漆、化学防腐
5	聚氨酯漆	汽车、木器家具、装修、金属防腐、化学防腐、绝缘涂料、仪器仪表的涂装
6	硝基漆	木器家具涂装、装修涂装、金属装饰
7	氨基漆	汽车、电器、仪器仪表、木器家具的涂装，金属防护
8	不饱和聚酯漆	木器家具涂装、化学防腐、金属防护、地坪涂装
9	酚醛漆	绝缘、金属防腐、化学防腐、一般装饰
10	乙烯基漆	化学防腐、金属防腐、绝缘、金属底漆、外用涂料

涂装的工艺方法包括刷涂法、浸涂法、淋涂法、滚涂法、空气喷涂法、高压无气喷涂法、热喷涂装法、静电喷涂法、电泳涂装法和粉末涂装法等。例如，在大批量生产的中、高级轿车进行车身涂装时，一般均通过底漆层、中间层和面漆层的三层涂装工艺，采用的涂装工艺方法有刷涂、浸涂、淋涂、滚涂、空气喷涂、高压无气喷涂、静电喷涂、电泳涂装和粉末涂装等；用于室内的家用电器（如冰箱），因不受日光照射和风雨侵蚀，使用环境条件较好，要求使用寿命长达几十年而不生锈，目前用的涂料有热固性溶剂型丙

烯酸涂料、热固性溶剂型高固体聚酯树脂涂料及粉末涂料等；木材表面涂饰工艺有透明涂饰工艺和不透明涂饰工艺两种，一般要经过涂底漆、刮腻子、打磨和涂面漆等工序，采用刷涂、喷涂等涂装方法。

（2）镀层被覆。镀层被覆是指在制品表面形成具有金属特性的镀层。镀层被覆不仅可以提高制品的耐蚀性和耐磨性，还能调整制品表面的色彩感、平滑感、光泽感和肌理感，起到保护和美化制品的作用。如图2-23所示为镀铬水龙头。

图2-23　镀铬水龙头

按照镀层的使用目的，镀层被覆分为防护性镀层、防护装饰性镀层和功能性镀层等。

① 防护性镀层：主要用于防止金属制品及零件的腐蚀。根据制品材料、使用环境及工作条件等，可选用不同的金属镀层。如钢铁制品在一般大气腐蚀条件下，可用锌镀层保护；而在海洋气候条件下，可用镉镀层保护。对于接触有机酸的黑色金属制品，如食品容器，则应选用银镀层，银镀层不仅防锈力强，而且产生的腐蚀产物对人体无害。

② 防护装饰性镀层：不但能防止制品零件腐蚀，而且还能赋予制品以某种经久不变的光泽外观。这类镀层的使用量很大，而且多半是多层的，即首先在基体上镀"底"层，然后再镀"表"层，有时甚至还有中间层，这是因为很难找到一种单一的金属镀层，能同时满足防护与装饰的双重要求。近年来国内采用铜—镍—铬多层的防护装饰性镀层的制品在不断增多，如轿车、自行车和钟表等的外露光泽镀层均属此类。

③ 功能性镀层：使制品在特殊环境或使用条件下具有某种特殊的功能。常用的功能性镀层有耐磨和减磨镀层、热加工用镀层、可焊性镀层、导电性镀层、磁性镀层及高温抗氧化镀层等。

镀层被覆的基体材料主要是金属材料，目前随着塑料的大量使用，塑料制品的镀层被覆技术发展迅速，正在得到广泛的应用。

镀层被覆的金属包括金（Au）、银（Ag）、铜（Cu）、镍（Ni）、铬（Cr）、铁（Fe）、锌（Zn）、锡（Sn）、铝（Al）、铅（Pb）、铂（Pt）及它们的合金。

镀层被覆的工艺方法包括电镀、化学镀、熔射镀、真空蒸发沉积镀、气相镀等，还有刷镀法和摩擦镀银法等特殊方法。随着制品的多样化和对镀层功能性的要求，发展了合金镀、多层镀和复合镀及功能镀等方法。

（3）珐琅被覆。珐琅被覆技术起源于玻璃装饰金属，最早出现于古埃及，其次是古希腊。在我国，其作为工艺技术被传承下来进而制造出了称为景泰蓝的工艺美术品。这种技术应用在工业制品上时被称为搪瓷。搪瓷是通过将混入颜料的玻璃质材料施涂于金属表面，然后在800℃左右进行短时间烧制，将玻璃质材料通过熔融凝于基体金属上并与金属牢固结合在一起。经搪瓷的制品坚固、耐蚀，具有色泽、肌理等装饰性，但在受到急剧温度变化和冲击等作用时，被覆层易剥落。搪瓷制品现已广泛用做厨房用品（见彩图2-24 搪瓷锅）、医疗用容器、浴槽、化工装置和装饰品等。

珐琅被覆的基体材料有金属，包括铁、铜、铝和不锈钢等，而作为工艺美术品的景泰蓝制品也用金和银，还有在玻璃、陶瓷等基体上进行珐琅被覆的。因此，珐琅被覆根据胎地种类一般可分金胎珐琅、铜胎珐琅、瓷胎珐琅、玻璃胎珐琅、紫砂胎珐琅等。

珐琅被覆的瓷釉原料中主要包括矿物原料、化工原料和色素原料。矿物原料是瓷釉的主要成分，主要包括石英、长石、黏土；化工原料是瓷釉的辅助组成部分，主要包括硼砂、硝酸钠、纯碱、碳酸锂、碳酸钙、氧化镁、氧化锌、二氧化钛、氧化锑、二氧化锆、氧化钴、氧化镍、二氧化锰、氧化铁等；色素原料是指用于装饰瓷釉颜色的材料，包括黑色、蓝色、褐色、灰色、绿色、粉红色、白色、黄色等。瓷釉的制作是将上述的三种原料按照一定的比例，经过高温熔融，并经过急剧的冷却形成粒状或片状的硼硅酸盐玻璃质，根据工艺性能分为底釉、面釉、边釉和饰花釉。

珐琅被覆的方法包括掐丝珐琅、内填珐琅（嵌胎珐琅）、画珐琅等。

2）表面层改质

表面层改质处理是指有目的地改变金属表面所具有的色彩、肌理及硬度等性质的表面处理工艺。它是通过化学或电化学反应，使金属表面转变成金属氧化物或无机盐覆盖膜，由此来提高基体金属的耐蚀性、耐磨性及着色性能等，有时此法作为电镀和涂装等工艺的前处理。表面层改质处理的方法主要有化学处理、阳极氧化处理等。

（1）化学处理。化学处理是指采用化学或电化学处理使金属表面生成一层稳定化合物的方法的统称。进行化学处理后，要求形成的覆盖膜对基体金属具有耐蚀保护性、耐磨性，并对基体金属有良好的附着能力，即不会从基体金属上剥离，从而起到防蚀作用，如铁器的化学处理。化学处理也可用于金属表面的着色。

（2）阳极氧化处理。阳极氧化处理是指将材料或其制品作为阳极，采用电解的方法使其表面形成氧化物薄膜的过程。氧化物薄膜改变了材料的表面状态和性能，可提高材料耐腐蚀性，增强耐磨性及硬度，保护材料表面等。

3）表面精加工

表面精加工就是使材料表面加工成平滑、光亮、美观或具有凹凸模样的表面状态的过程。

不同的材料有不同的表面加工方法，一般来讲，大部分材料都可以进行表面精加工。表面精加工包括机械方法与化学方法两种，如研磨，金属表面研磨是把金属表面加工成平滑面、有光面、镜面等的方法，有时也把研磨作为表面电镀或涂装的前处理。研磨的方式有通过坚硬微细的研磨料进行的机械研磨，有通过电解金属表面溶解而进行的电解研磨，以及通过试剂作用引起金属化学溶解而进行的化学研磨。机械方法的表面精加工有切削、研磨、抛光、喷砂、拉丝、雕刻、镭射等；化学方法的表面精加工有酸洗、化学去毛刺、蚀刻、化学研磨、电化学抛光等。彩图 2-25 所示为表面拉丝处理的笔记本电脑，彩图 2-26 所示为表面雕刻、蚀刻的 Tom Dixon 网格吊灯。

3. 表面处理工艺的选择原则

产品表面处理工艺的应用提高了产品的质量，表面处理工艺所形成的表面色彩和质感，丰富了产品的艺术视觉效果，唤起消费者的兴趣。下面介绍表面处理工艺的选择原则。

（1）功能的合理性：表面处理工艺除了具有保护和美化产品的作用外，还要凸显产品的功能性。比如一些与人的肌肤相接触的产品，根据接触方式和要求不同，应对其表面进行相应的处理，如需要可靠抓握的场合，表面处理时要求接触面摩擦力大一些；需要顺滑移动的场合，则要求接触面摩擦力小一些。如自行车的把手、脚蹬、车座等地方要求有一定的摩擦力，因此在表面处理时选择适当的工艺进行表面粗糙度的控制，以起到防滑作用。在视觉方面，如显示器，要求显示屏表面具有较低的反射率，通过对其表面进行适当的工艺处理，以防止眩光和反射。

（2）情感的审美性：简洁、明快的产品形态是现代工业产品的特征，在选择装饰工艺时，相应地也要展现出产品的单纯性特征，体现和反映出时代性和科技水平。产品的审美又因人、因地而异，应充分考虑合理选择表面处理工艺，满足人们对审美情感的需求。

（3）产品的经济性：产品的表面处理存在成本的问题。高质量的表面处理成本较高，因此对于低档次的产品，应尽量减少或选择成本较低的表面处理工艺，以获得较高的经济效益。但是，表面处理工艺的选择和使用很大程度上影响着产品的表面质量及价格，并影响消费者的购买决策，因此应合理选择表面处理工艺，提高设计的经济性。

（4）环境的保护性：在表面处理工艺的选择中，要考虑环境保护，很多表面处理工艺可能存在有害物质的产生。例如，含有溶剂的油漆，在成膜过程中，可能存在毒性溶剂的挥发，电镀过程中产生含铬的电镀液造成铬污染等。因此，在表面处理时尽可能选择无污染的方法，或采取有效措施避免对环境的污染和破坏。

2.4　造型材料的特性评价

材料所表现出的性能是材料内部结构的外在表现，由于内部结构及组成的不同，表现为能被人们所感知的材料的"软""硬""脆""韧"等特性。材料内部结构千变万化，因而材料的特性也是多种多样。例如，铬、钼、钨、钒等金属的内部结构为体心立方晶格（见图2-27），其具有较硬、延展性差的物理特性；铝、铜、镍、铅等金属的内部结构为面心立方晶格（见图2-28），其具有较软、延展性好、塑性强的物理特性；铍、镁、锌、镉等金属的内部结构为密排六方晶格（见图2-29），具有较软、延展性好、塑性强的物理特性。

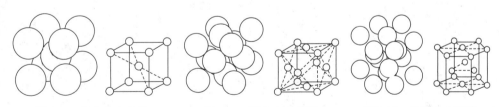

图2-27　体心立方晶格　　　图2-28　面心立方晶格　　　图2-29　密排六方晶格

造型材料除了具有如前所述的固有特性外，另一方面是材料的派生性能。派生性能由材料的固有特性派生而来，即材料的工艺特性、经济性及感觉特性。这些特性综合决定了产品的基本特性，如图2-30所示。

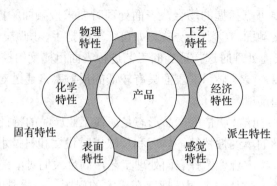

图2-30　产品与材料特性

　　材料特性的评价包括两个部分：一为基础评价，是对材料单一特性的评价，包括材料的物质组成、结构、形态以及物理特性、化学特性等；另一部分为综合评价，综合考虑各方面因素进行评价，包括材料寿命、可靠性、安全性等，如表2-4所示。

表 2-4　材料特性的评价

评价类型		评价因素
基础评价	物质评价	组成、结构、密度、形态等
	物理特性	机械性能（强度、硬度等） 热性能（热胀性、耐热性等） 电磁性能（导电性、导磁性等） 光性能（反射、折射等）
	化学特性	耐酸性、耐碱性、耐臭氧性等
综合评价		寿命、耐环境性、可靠性、安全性等

第3章 造型材料的美学基础

《考工记》曾记载:"天有时、地有气、材有美、工有巧,合此四者,然后可以为良。"故"材美"在产品设计制造中占有举足轻重的地位。

材料是设计制造过程中审美信息的转化和传递的载体。一般来说,材料美不仅仅代表原材料的美学价值,还指加工后的材料所产生的审美效应。材料美学就是研究材料的审美特性、创造美的规律、材料美的加工方法和使用方法的学科。早在1919年成立的包豪斯设计学院就十分重视材料及材料美学的研究和实际练习,该院的伊顿曾提到:当学生们陆续发现可以利用的各种材料时,他们就更加能创造出具有独特材质感的作品。通过这种实际研习,学生们认识到周围的世界包含各种不同质感的环境,同时领悟到不经过材质的感觉训练,就不能正确地把握材质运用的重要性。本章主要介绍造型材料的美学,即材料的质感及质感设计。

3.1 材料的质感

3.1.1 材料质感的特征及属性

在产品造型设计中,形态、色彩、材质是其基本构成的三大感觉要素。其中,材质即材料质感,是人对物体材料表面的结构特征所产生的生理和心理活动,是人的视觉和触觉系统受到物体表面的刺激所产生的综合印象。材料质感表现出材料以及设计、制造工艺的品质,是形、色、质的整体表现。

材料质感包括两个不同层次的特征要素。

(1) 形式要素:材料的肌理和色泽。肌理表达物体表面的几何细部特征,是材料质感的重要特征要素。色泽是与肌理相互依存、相互影响的特征要素,包括颜色和光泽。

(2) 内容要素:材料的质地。质地表达物体表面的理化类别特征。

材料质感还有两个基本属性。

(1) 生理属性:材料表面作用于人的触觉和视觉感觉系统所产生的刺激性信息,如软硬、粗细、冷暖、干湿、滑涩、雅俗等。

(2) 物理属性:材料表面传达给人知觉系统的意义信息,如材料的类别、性质、性能、功能等。

3.1.2 材料质感的分类与性质

材料质感按照人的感觉分为视觉质感和触觉质感。按照材料本身的构成特性分为自然质感和人为质感。

1. 触觉质感和视觉质感

触觉质感是通过人手或皮肤接触感知材料的表面特征而得到的感觉。触觉是质感认识和体验的主要感觉，材料的质感主要靠触觉；视觉质感是通过人的眼睛（视觉）感知材料的表面特征，是材料被视觉感受后经大脑处理产生的一种对材料表面特征的感觉和印象，视觉质感是触觉质感的综合和补充。

1）触觉质感的构成

（1）物理构成。物理构成是指材料表面微元的构成形式以及材料表面的硬度、密度、温度、黏度、湿度等物理属性。人的皮肤产生不同触觉感受的主要原因就是受到材料表面不同性质微元的刺激而得到的感受，同时材料表面的硬度、密度、温度、黏度、湿度等也会引发不同的触觉感受。

材料表面微元的构成形式很多，如镜面的、非镜面的、凹凸的、毛面的等。其中，非镜面的表面微元有点状、线状、条状、球状、孔状、曲线等各种构成形式；凹凸的表面微元有规则的和不规则的构成形式。规则的表面微元产生等量的连续性刺激信息，给人以均匀的频率化触觉，形成快适的触觉感受；反之，不规则的表面微元产生不等量的混乱刺激信息，形成不快适的触觉感受，尤其当材料表面的硬度大于皮肤硬度时更加明显。

（2）生理构成。触觉质感是由运动感觉和皮肤感觉组成的一种复合性感觉，属于一种特殊的反应形式，其中运动感觉是指身体相对材料表面变化的感觉，而皮肤感觉是指辨别材料性能、温度特性等的感觉。触觉质感的生理构成包括温觉、压觉、痛觉、位置觉、震颤觉等。人的触觉非常灵敏，仅次于视觉。比如盲人可以靠触觉认识和联系外界，对事物的辨别具有相当高的准确性。

（3）心理构成。触觉质感的心理构成包括两个方面，一是材料表面对皮肤刺激所产生的心理感受，二是心理感受的刺激后效。

按照对皮肤的刺激性质不同，触觉质感分为快适触感和厌憎触感。比如蚕丝质地的绸缎面、高级的皮革制品、精加工的金属表面、光滑的塑料表面、精美的陶瓷釉面、温暖的木质品，都给予人细滑、柔软、光洁、凉爽、娇嫩、温暖的快适质感。人们常说的"手感好"，就是指材料表面给人的皮肤产生了压觉、温觉、痛觉等综合性的最佳刺激度，使人感到舒适和愉悦；反之，如锈蚀的金属表面、黏湿的人造皮革制品、粗糙的砖墙物面等，都给人刺、脏、黏、粗、乱等不适的厌憎感觉。

按照心理感受的刺激后效，触觉质感可分为短暂模糊的触觉质感和长久鲜明的触觉质感。动态的触觉质感往往比静态的触觉质感鲜明，等强度连续性刺激的质感比暂时性的刺激鲜明。

2）视觉质感的构成

（1）物理构成。物理构成是指材料表面的不同特征对视觉器官产生的刺激。

（2）生理和心理构成。在人的感觉系统中，视觉是捕捉外界信息能力最强的器官。当视觉器官受到刺激后会产生一系列的生理和心理反应，从而产生不同的情感意识。材料表面的色彩、光泽、肌理、透明度等都会产生不同的视觉刺激，从而使得人们对材料表面形成精细感、粗犷感、均匀感、光洁感、透明感、素雅感、华丽感、朴实感等不同的生理和心理感觉。

由触觉和视觉质感的基本构成可以看出，为了实现理想的质感设计，应从物理的、生理的、心理的角度进行物面微元形式的分析研究。表3-1所示是触觉质感和视觉质感的特征比较。

表3-1 触觉质感和视觉质感的特征比较

	感知方式	生 理 性	性 质	质 感 印 象
触觉质感	人的触觉+物的表面	触觉（手、皮肤）	直接、真实、近测、体验、肯定、单纯、直觉	软硬、冷暖、粗细、滑涩、平钝、干湿
视觉质感	人的视觉+物的表面	视觉（眼睛）	间接、不真实、遥测、经验、估量、综合、知觉	脏洁、雅俗、枯润、疏密、贵贱、死活

2. 自然质感和人为质感

1）自然质感

自然质感是由材料的组分、特性、表面肌理与色泽等因素所决定的自然表面所显示的特征。比如黄金、珍珠、兽皮、木头、岩石等都体现了它们自身的物理和化学特性所决定的材质感。

2）人为质感

人为质感是对材料的自然表面进行有目的的技术性和艺术性处理后所体现的特征。比如阳极氧化后的金属表面、涂饰后的木制品、施釉后的陶瓷等都体现了人为的工艺感。

3.2 材料质感的影响因素

材料质感是人对材料的感觉和印象，是人对材料刺激的主观感受。影响材料质感的因素很多，主要包括材料种类、成型工艺和表面处理工艺以及其他因素。

1. 材料种类

材料质感与材料本身的组成、结构、性质密切相关。不同材料呈现不同的材料质感，如硬质的材料给人挺括之美，粗糙的材料给人原始之美……造型相同的产品，若采用不同的材料，其质感表现也会不同。表3-2所示为常见材料的质感特性。

表3-2 常见材料的质感特性

材料	质 感 特 性
金属	坚硬、光亮、挺括、现代、凉爽、理性、人造、科技、拘谨、时尚
塑料	轻巧、光滑、细腻、艳丽、理性、人造、时尚
木材	自然、亲切、典雅、温暖、感性、手工、粗糙
陶瓷	高雅、明亮、整齐、精致、感性、手工、古典、稳重
玻璃	高雅、透亮、光滑、干净、整齐、自由、精致、流畅、活泼、浪漫
皮革	柔软、浪漫、温暖、感性、手工
橡胶	人造、原始、阴暗、束缚、笨重、呆板

2. 成型工艺与表面处理工艺

材料的成型工艺与表面处理工艺，是影响材料质感特性的另一主要因素。如同一材质的金属，未经精整加工前，给人以粗糙、厚重的自然感觉，经过精整加工后，就给人一种明亮、光滑、科技的现代时尚之感；塑料制品经过表面镀铬处理后，外观质感类似不锈钢制品，给人以精致、光滑、炫目、豪华之感。另外，工艺水平也会影响外观质感特性。表3-3列出了常见成型工艺和表面处理工艺所产生的质感特性。

表 3-3　常见成型工艺和表面处理工艺的质感特性

工艺类型	质 感 特 性
锻造	锻打过程产生了丰富的肌理效果，因而材料表面保留真实的情绪化痕迹，具有强烈的个性化特征和浓厚的手工美。锻造工艺可圆、可方、可长、可短、可粗狂、可精细
铸造	铸造可以真实地表现出液体在模腔内的流痕以及粗粝的表面，具有沧桑、自然的原始之感
车削	车削后的材料表面留有车刀的连续纹理，具有旋目感、技术感和装饰感
磨削	磨削后的材料表面精细光滑，具有光泽感
焊接	焊接是一种实现造型、表达设计理念、渲泄情感的成型工艺。焊接后的搓平、抛光以及焊接的痕迹所产生奇特的肌理美，给人以强烈的工艺美之感
铆接	铆接头有节奏地排列，会形成一种强烈的工业感和现代感
电镀	电镀不仅改变材料的表面性能，而且使材料具有镜面般的光泽效果
喷砂	喷砂使得材料表面获得不同程度的粗糙、花纹、肌理、明暗效果，给人以丰富多变的美感
阳极氧化	阳极氧化不仅改变材料的表面性能，而且能形成丰富多样的表面质感效果
编织	编织可以将丝状材料按照一定方法编织在一起，形成极富韵律和有序感的肌理效果

从根本上讲，产品造型设计就是人们有意识地运用工具和手段，将材料加工成能够满足人类一定需要的产品，而工艺是实现产品造型的技术手段，工艺技术是实现产品最佳效果的前提和保障。材料的工艺性，往往可以使材料表面呈现"同材异质"或"异材同质"的效果，即相同材料可以具有不同的质感特性，不同材料可以具有相同的质感特性。合理运用材料的成型工艺和表面处理工艺，对于产品所展现的质感特性有着十分重要的影响和意义。

3. 色彩

色彩也是影响质感的不可忽略的因素。色彩与色相、明度、纯度密切相关，一般明色、轻色及弱色给人以细润、圆滑、细腻的感觉，相反暗色、重色及强色，给人以粗糙、淳朴和坚实的感觉。在长期的生活经验积累下，人们对某些色感效果形成了相对固定的概念和联想，比如，黄金的金黄色和白银的银白色质地给人一种高贵、富丽堂皇的质感，坚硬、光洁的金属表面，使人联想到清晰、明亮和炫目的灰白色，人们常采用很多自然色模仿自然的材质效果和感觉，因此，在产品的质感设计中，应质、色并重，以获得优美、和谐的外观效果。

4. 其他因素

材料质感在很大程度上会受到时代的制约。时代的科技水平、审美标准、流行时尚等因素与材料质感密切相关，比如，传统的精雕细琢和烦琐堆砌的纹样构成，符合当时的手工业生产方式和审美需求，但在现代化的大工业时代，人们追求外观形态的简洁概括，重视物质材料本身固有的质地感，其加工方法和审美特征与传统的纹样装饰的美学观有很大的不同。另外，材料的质感还与人们的经历、文化修养、生活环境、地域风俗等有关。所以说材料质感具有时代性、相对性，没有统一的标准。

3.3 材料的质感设计

3.3.1 质感设计的作用

产品设计应"以人为本"，因此产品设计除满足产品功能属性外，还应关注产品在视觉、触觉等感官层次上对人们生理和心理上的审美影响。

1. 提高适用性

比如，照相机机身的手持部分，采用软质的皮革或者细小颗粒的亚光塑料，不仅手感舒服，使人乐于接触，而且便于操作，不易滑落；在机箱、仪表、遥控器等按键的操作件表面，采用凹凸细纹，使其具有明显的触觉刺激，且易于使用，有效避免了因滑动产生的失误；在各种工具手柄表面采用橡胶材料，可以增大柔软度和摩擦力；座椅表面采用木头材质或者将其处理成木质、皮革等纹理，都会给人良好的触觉和视觉感受，使人乐于接受和使用。此外，突出的材质表面设计也能为人们提供正确的操作语义。

2. 增加装饰性

给予材料恰当的色彩配置、肌理配置、光泽配置、工艺配置等，都能向人们传达丰富的产品语义，给人以美的视觉、触觉冲击和享受。比如汽车、家用电器等表面经各种涂装工艺处理后，不仅增加了产品的保护性，更增加了产品的装饰性，使其呈现诱人的视觉质感美；陶瓷釉面的艺术釉设计是典型的视觉质感设计，雨花釉、冰纹釉、结晶釉、朱砂釉等都给人以丰富的视觉质感和形式美的享受；电子产品的外观设计，从触摸屏到机身，再到 logo，其细致入微的质感设计与工艺处理，使人们在享受产品带来便利的同时，更能感受到良好的质感带给人的愉悦和精神享受。

3. 表现价值性和真实性

人们通常希望产品"货真价实"。其中"真"，就是指产品应具有优良的材质和精湛的工艺，做到自然感感和人为质感的和谐统一，最大限度地体现产品的真实性和价值性。需提醒的是，形式美不仅仅只是外形美，优良的质感设计也能使人感受到产品所透射的内在美，这一点在产品设计中至关重要。

4. 达到多样性和经济性

良好的人为质感可以替代、补充或完善自然质感，满足工业产品的多样性和经济性的要求。例如，采用木纹塑料贴面板可以代替高档木材，塑料镀膜纸能替代金属和玻璃镜，人造皮毛可以代替自然皮质，贴墙纸可以仿造锦缎。还有各种表面处理工艺，如电镀工艺、涂饰工艺都能做到同材异质、异材同质的效果，很大程度上增加了产品的多样性，同时也可以节约大量短缺的天然材料，满足经济性的要求。

3.3.2 质感设计的形式美基本法则

世界万物都是内容和形式的辩证统一，美的事物当然也不例外。任何美的事物都是由美的内容和美的形式所构成。一般来说，美的形式从属于美的内容，它是美的内容的存在方式。美的形式分为内形式和外形式。内形式是指内容的内部结构中各要素的排列方式;外形式是指与内部结构相关联的外部表现形态,以及外观的装饰效果。如一辆汽车,其内形式是指内部各部件的结构关系、形体比例等,而外形式指外部表现的形状、色彩、质感等。

形式美是从美的形式发展而来的,是美学中一个很重要的概念。从广义上讲,形式美是指生活和自然中的各种形式因素(如几何要素、色彩、材质、光等)有规律的组合。材料质感设计的形式美基本法则,实质上就是各种材质有规律组合的基本法则,产品整体质感的完美统一是质感设计的形式美法则在具体运用中的尺度和归宿。形式美法则是人们长期实践经验的积累,它会随着科技文化、艺术审美水平的发展而不断更新,因此设计师应与时俱进,灵活掌握运用形式美法则。下面介绍质感设计的形式美基本原则。

1. 配比原则

配比原则的实质是整体和谐,达到多样统一,是形式美法则的高级形式,反映到产品设计用材上,就是指材质整体与局部、局部与局部之间的配比关系。配比原则包括调和法则和对比法则。

1)调和法则

调和法则是指使整体各部位的质感和谐统一。其特点是在"差异"中趋向于"同",趋向于"一致",使人感到融合、协调。

在质感设计中,设计师应准确把握材质及工艺间的关系,因为各种自然材质、表面处理工艺具有一定的相亲性,也具有相斥性。比如塑料制品与木制品存在一定的相斥性,若木制家具配上塑料材质的拉手,塑料面板配上木质器件都会显得格格不入。其次,自然材质与人为表面处理工艺也应协调。为了达到质感在变化中的统一,比如整体设计中选择同一材质或相近材质,可对各部位做相近的表面加工处理,以便形成"差异"中的"一致"。如图3-1所示是澳大利亚设计师的作品(I-O-N Pendant Light),其陶瓷上清晰的裂纹和光滑透亮的灯泡形成明显的对比,但整体符合调和原则,给人留下非常深刻的印象。

图3-1 灯具

2)对比法则

对比法则就是指使整体各部位的质感有对比变化,形成材质对比、工艺对比。其特点是在"差异"中倾向于"对立"和"变化",让人感受到制品带来的新鲜、生动、醒目、振奋和活跃的感觉。虽然质感的对比不会改变产品形态,但由于它同样具有较强的感染力,使人产生丰富的心理感受,比如同一形体中可使用不同的材料形成厚重与轻盈、坚硬与柔软的质感对比,如人造材料和天然材料、金属和非金属等。有时突破人们惯常的配比思维,往往也会产生预想不到的效果(见图3-2、图3-3)。同一种材料也可以使用不同的表面处理工艺,形成如明与暗、轻与薄、粗糙与光滑、华丽与朴素的强烈工艺对比效果,也可作相近的表面处理,形成质感的弱对比(见图3-4)。

图3-2 耳机

图3-3 热水器

图3-4 个性鼠标

工业产品中，采用质感对比的情况很多，比如，常用的电熨斗，其主体采用传热性能好、耐腐蚀、高光泽的不锈钢材料，把手、调温旋钮部分采用隔热性能好、不导电、重量轻、易成型加工的塑料材料。又比如，汽车的车身外壳采用光烤漆，洁净、明亮、华丽、光泽感好，内部采用无光漆，使其产生温和的反光(漫反射)，给人以亲切、舒适质感，形成了内外鲜明的质感对比。

2. 主从原则

主从原则强调要有重点，即在排列组合构成因素时要突出中心、主从分明。主体在设计中起决定性作用，客体起烘托作用，主从应相互衬托，协调统一。其反映在质感设计中，就是要恰当处理一些既有区别又有联系的各个组成部分之间的主从关系。心理学实验证明，人的视觉在同一时间内只可能关注一个重点，不可能同时注意几个重点，即所谓的"注意力中心化"，因此在产品质感设计中，应首先明确设计的重点(主体)，如在设计由功能和结构等所决定的表现设计目的特征的关键部位时，就应尽量把人的注意力引向最重要之处，避免视线的到处游荡。产品的质感设计，如果主从不分，各次为政，必然会杂乱无章，不伦不类；没有重点的主从设计，则使产品呆板、单调。

在工业产品设计中，对于主要部位、可见部位、常触部位，如面板、操作杆、按钮、商标、警示等，应做良好的视觉质感和触觉质感设计，不仅要选好材，还要工艺精良；而对次要部位、不可见部位、少触部位，应从简处理。为突出重点，可采用非金属衬托金属，用轻盈的材质衬托沉重的材质，用粗糙的工艺衬托光洁的工艺等。

3. 适合原则

各种材质均有鲜明的个性。在质感设计中，适合原则是指充分考虑材质的功能和价值，使得质感与适用性相符。比如古时的玉枕、玉衣，黄金打造的洁具等都不符合触觉质感以及适合原则；而操作手柄常常采用带细小颗粒的塑料或橡胶材质，正符合了适合原则。

3.3.3 材料质感设计的运用

质感设计在产品设计中占据重要的地位。质感设计就是对造型材料进行技术性和工艺性的先期规划，是一个"认材－选材－配材－理材－用材"的过程，它既是一个艺术的创作过程，也是理性的设计过程。质感设计最能及时体现和运用先进的科技成果，一种新颖材料、一种独特的面饰工艺的运用，往往比一种纯粹的新造型会带来更有意义的突破。因此进行质感设计时，在满足产品的实用性、安全性的基础上，要最大可能地满足产品的审美功能需求，还应遵循绿色设计理念。一个好的设计，要求功能、审美、环保并重。

1. 顺应材料特性

在质感设计中，要全面认识材料的特征品性，从而适当地选材、用材，《考工记》中"审曲面势"就是此意。材料的优劣，直接影响产品的功能性、安全性以及美观性。质感设计中应充分发挥材料特性，真实地利用其独特的纹理、色彩等自然美属性，从而设计出具有独特之美的产品，如彩图 3-5 所示的木雕饰品。

2. 确切表达产品语义

为使产品更富有体验价值，设计必须从视觉、触觉、味觉、听觉和嗅觉等方面对材料进行全面细致的分析。通过材料的表面肌理、形态、色彩等，突出产品的使用方式语义，以便形成对人们视触觉的暗示和心理情感体验。比如操作部位不仅应通过造型来满足消费者的生理需求，还应进行良好的触感设计，给人们手之用力或把手处的暗示。有研究指出，与人类情感最亲密的材料是生物材料（棉、木等），其次是自然材料（石、土、金属、玻璃等），最后是非自然材料（如塑料）。一般来说，与人类越亲近的东西，越令人感到亲切，更多一份感性，如相同造型的户外座椅，所传达的功能和示意性语义是相同的，但在寒冷的冬季，冰凉的金属座椅和木质座椅给人的情感完全不同，因此质感设计特别需要关注人的情感因素，采用适当的材料或适当的工艺处理以匹配适合的环境和产品。如彩图 3-6 所示的OTDR 测试仪，选择了标准的行业配色，操作按键的排布满足人机需求，左右两侧的腕带材质选择，既起到防止脱落与打滑的作用，又能充当提手使用；背部合理的 30° 的支撑架考虑到桌面使用环境。其整体的材质设计除了表达出鲜明的产品语义，更做到了实用性与美观性的协调统一。

3. 灵活运用形式美法则

虽然不同材料的综合运用可丰富人们的视觉和触觉感受，但是优良的质感设计，不在于多种贵重材质的堆砌，而在于合理地、艺术性地、创造性地使用材料。所谓合理地使用材料，是根据材料的性质、产品的使用功能和设计要求，正确地、经济地选用合适的材料；艺术性地使用材料，是指追求具有不同色彩、肌理、质地的材料之间的和谐与对比，充分显露材料的材质美，借助于材料本身的特性来增强产品的艺术造型效果；创造性地使用材料则是要求产品的设计者能够突破材料运用的陈规，大胆使用新材料和新工艺，同时能对传统的材料赋予新的运用形式，创造新的艺术效果。比如对于特别贵重而富有装饰性的材料，运用画龙点睛的手法，在大面积材料上做重点的装饰处理。光泽相近的不同材质配置在一起，通过纹理形成强或弱的对比，可实现不同的质感效果。

4. 注重环保性

生态问题是世界共同面临的问题，用可持续性的眼光选材、用材是产品设计师的义务和责任。如彩图 3-7 所示的灯具，其创作灵感来自于 1960 年代晚期兴于巴西的热带主义运动。"灯泡"的玻璃罩由废弃的玻璃瓶经过再受热和人工吹制形成有机造型，灯座采用废旧木头边料，其鲜明的不合常规的材质给人一种奇妙的视觉感受。为最大程度地保护不可再生的自然资源，设计中，还应有效地运用视觉质感的间接性、经验性、遥测性、知觉性，合理采用表面装饰及处理工艺来丰富产品的质感表达。塑料是一种成型方便的合成材料，可以模仿各种自然物质的形态、肌理，可以通过人为质感替代或弥补自然质感，因此用塑料代替传统材料——木材、金属、玻璃、皮革等自然材料已成为发展趋势。

第4章　金属材料及其加工工艺

在神秘的历史长河中，没有任何一种材料能超越金属的魔力和影响力。公元前3000—公元前2000年左右，人类学会了制造青铜器，从此告别石器时代，进入青铜时代；公元前1000年至公元初年，人类学会了制造铁器，随后各种各样的金属材料（如钢、合金钢、轻合金、高温合金、钛合金等）纷至沓来。金属制品从最早的兵器、礼器发展到了现今的各种军用和民用产品，可以说金属材料的发展历程见证了人类近代文明的发展。

4.1　常用的金属材料

金属材料是金属及其合金的总称。自然界中大约有70多种金属，常见的有铁、铜、铝、锡、镍、金、银、铅、锌等。合金是指以一种金属为基础，加入其他金属或非金属，经过熔炼、烧结或其他方法制成的具有金属特性的材料。金属及其合金数目繁多，为了便于使用，工业上常把金属材料分为两大部分，一是黑色金属，二是有色金属。黑色金属包括铁和以铁为基的合金，如铸铁、钢及其合金，广义的黑色金属还包括铬、锰及其合金。有色金属包括铝、铜、镁、钛等及其合金。

4.1.1　黑色金属

黑色金属也叫钢铁材料。钢铁材料根据含碳量分为工业纯铁、铸铁和钢。工业纯铁具有极好的铁磁性，主要用于制作磁铁、磁极的铁芯，不用作具有强度要求的结构和外观材料。铸铁和钢由于其性能优良、资源丰富、成本低廉、生产量大，是现代工程中使用最广泛、最重要的金属材料，约占金属材料总用量的90%以上。

自然界中的金属元素，大多以氧化物、硫化物、碳酸盐或硅酸盐等化合物的形态存在于各种矿物之中，因此钢铁材料一般都必须经过采矿、冶金、轧制等步骤得到。其中冶金就是把金属从铁矿石中分离出来得到生铁（生铁是指含碳量在2.11%以上的铁碳合金）的过程，无论是炼钢用生铁还是铸造用生铁，都需要从高炉中冶炼。但生铁由于含有较多的碳、硫、磷等杂质，机械性能很差，因此除少数经熔化浇铸生成铸铁外，绝大部分只有进一步精炼成钢后才能用于制造机器零件和工程结构。下面分别介绍铸铁、钢以及工业常用钢材的品种和用途。

1. 铸铁

铸铁是指铸造用生铁，是一种含碳量在2.5%～4.0%的铁碳合金。由于铸铁生产工艺简单、成本低廉，具有良好的铸造性能、切削性能及耐磨性和减震性，因此是一种使用历史悠久的非常重要的工程和结构材料。尤其近几年采用变质处理后，极大提高了铸铁的机械性能，在很多场合铸铁可以代替碳钢使用。

工业用铸铁除了含碳外，还含有硅（$1.0\% \sim 3.5\%$）、锰、硫、磷等杂质。当铸铁中含碳量较大，超过铁对碳的溶解度时，则过剩的碳会以高碳相析出，使得铸铁中出现两种形态的碳，一种是化合状态的渗碳体（Fe_3C），另一种是自由游离状态的石墨（C）。铸铁中碳的存在形态以及石墨的形状、大小、数量和分布，直接影响着铸铁的组织和性能，从而使铸铁形成不同的种类。通常根据碳存在的形式，将铸铁分为灰口铸铁、球墨铸铁、可锻铸铁、蠕墨铸铁。

（1）灰口铸铁。灰口铸铁因其断口为灰色而得其名，也叫灰口铁、普通铸铁。灰口铸铁生产工艺简单、成品率高、成本低，在各类铸铁中占 80% 以上，在产品造型中应用广泛。由于灰口铸铁中，石墨以片状形式存在，片状石墨对铸铁组织有严重的切割作用，使得它强度低、塑性差，因而灰口铸铁常用于制造对机械性能要求不高但形状复杂的成型零件，如各种承受压力和要求减震的床身、机架，结构复杂的箱体、壳体，经受摩擦的导轨和缸体等。灰口铸铁的代号是"HT"，其后用两组数字分别表示抗拉强度和抗弯强度，如"TH18-36"表示抗拉强度为 176.4 MPa 且抗弯强度为 352.8 MPa 的灰口铸铁。

（2）球墨铸铁。球墨铸铁因石墨呈球状而得名，简称球铁。球墨铸铁是用灰口铸铁的铁水经球化处理和合金化处理而得到的。由于球状石墨对基体的切割作用小，因而球墨铸铁具有较高的强度和塑性，用于制造受力复杂、负荷较大和要求耐磨的铸件，如曲轴、凸轮轴、连杆、齿轮、蜗轮，逐步取代可锻铸铁，甚至可代替铸钢、锻钢和某些合金钢。球墨铸铁的代号是"QT"，其后用两组数字分别表示抗拉强度和延伸率，如"QH70-3"表示抗拉强度为 686 MPa 且延伸率为 3% 的球墨铸铁。

（3）可锻铸铁。可锻铸铁俗称马钢或马铁。实际上它并不可以锻造，而是由低碳低硅的白口铸铁经退火处理得到的一种高强度铸铁。在可锻铸铁中，石墨是团絮状的，团絮状的石墨对基体的削弱作用比片状石墨小，因而强度比灰口铸铁高，塑性和韧性好，与球墨铸铁相比，二者性能相近，但其成本低、质量稳定，且其铁水处理较简便。但可锻铸铁退火处理时间长，耗能多，生产率低，因此应用范围受到限制，常用于制作可承受冲击和振动、形状复杂的薄壁零件，如用作汽车的后桥外壳、管接头、低压阀门等。可锻铸铁的代号是"KT"，其后的两组数字含义与球墨铸铁相同。

（4）蠕墨铸铁 蠕墨铸铁又叫蠕虫状石墨铸铁，简称蠕铁，是 20 世纪 70 年代发展起来的材料，其强度接近于球墨铸铁。在蠕墨铸铁中，石墨片形较厚，呈蠕虫状，分布均匀，因而蠕墨铸铁既具有一定的韧性和较高的耐磨性，又具有灰口铸铁良好的铸造性和导热性，常用于制造电机外壳、机座、驱动箱箱体、生铁模、阀体等零件和机床零件等。国外主要的工业国如美、英、德、俄等已经大量应用于蠕墨铸铁生产，以代替高强度的灰口铸铁、可锻铸铁、球墨铸铁等。

2. 钢

钢的品种很多，按照用途和组成可分为碳素钢、合金钢两大类，如表 4-1 所示。

表 4-1 钢 的 分 类

钢	碳素钢	碳素结构钢(普通碳素结构钢、优质碳素结构钢)
		碳素工具钢
	合金钢	合金结构钢(低合金结构钢、易切削钢、弹簧钢、调质钢、渗碳钢)
		合金工具钢(刃具钢、模具钢、量具钢、铬轴承钢、高速钢)
		特殊用途钢(不锈钢、耐热钢、耐磨钢)

1) 碳素钢

碳素钢又称碳钢,是含碳量小于 2.11% 的铁碳合金。由于碳钢冶炼方便,加工容易,价格低廉,在一般情况下可满足使用要求,在工程上应用得非常普遍。

(1) 碳钢成分。碳钢除了含铁和碳外,由于受到冶炼方法、条件等许多因素的影响,不可避免地存在许多锰、硅、硼、硫、磷和微量的氧、氮、氢等其他元素,这些元素对钢的性能都有一定影响。其中,碳是钢中主要的合金元素,它对钢组织性能起着决定性的影响。含碳量越高,钢的硬度越大,塑性和韧性降低,而强度以共析含碳量(2.11%)附近为最高;锰、硅是炼钢后期脱氧或合金化时加入钢液的元素,属有益元素,由于含量少,对钢的性能影响不大;硫、磷是钢中的有害杂质,能引起钢液严重偏析,显著降低钢的韧性和塑性,导致钢的"冷脆"和"热脆",硫、磷的含量是评价钢材质量等级的重要指标;氧、氮、氢也是钢中的有害杂质,能够急剧降低钢的韧性和抗疲劳强度。

(2) 碳钢的分类及用途。按照含碳量的多少,碳钢分为低碳钢(0.08% ~ 0.25%)、中碳钢(0.25% ~ 0.6%)、高碳钢(0.6% ~ 1.4%),其中低碳钢又称软钢,塑性好,多用于冲压、焊接、渗碳件等;中碳钢具有一定的强度和韧性,热处理后可获得良好的综合机械性能;高碳钢硬度高,多用作工具、量具、模具等。按照硫、磷的含量(质量),碳钢分为普通碳素钢(硫、磷含量小于 0.05%)和优质碳素钢(硫、磷含量小于 0.04%)。按照用途,碳钢分为碳素结构钢和碳素工具钢。后一种也是最常用的分类。

① 碳素结构钢。碳素结构钢又分为普通碳素结构钢、优质碳素结构钢。普通碳素结构钢用于各种普通工程构件和零件,在结构用钢中,使用最广、用量最大的是对其含碳量无特殊要求的软钢,称为 A 类钢(甲类钢),这类钢在拉拔和压延状态下使用,不进行热处理,钢号是 A1、A2、A3、…、A7。需要进行热处理的零件采用 B 类钢(乙类钢),钢号是 B1、B2、B3、…、B7。如果是既要保证机械性能又要保证化学成分的特种钢,则采用特类钢,钢号是"特"或用 C 表示为 C1、C2、C3、…、C7。优质碳素结构钢,相对有害杂质含量较少,塑性和韧性较高,并可经热处理强化,多用于制造重要的零件。优质碳素结构钢的代号用两位数字表示,代表平均含碳量的万分数,如代号"45 钢",表示其平均含碳量为 0.45%。

② 碳素工具钢。碳素工具钢的含碳量为 0.65% ~ 1.35%,根据含杂质不同,分为优质碳素工具钢和高级碳素工具钢,这类钢主要用于制作各种低速切削刀具、一般量具、模具等。优质碳素工具钢代号由字母 T 和数字组成,数字表示平均含碳量的千分数,如 T8,表示

平均含碳量为 0.8% 优质碳素工具钢；高级碳素工具钢的代号是在优质碳素工具钢代号后面加上字母 A，如 T8A。

2）合金钢

在钢的冶炼过程中加入某些合金元素，以便更好地改善碳素钢的性能，这种钢称为合金钢。相比较碳素钢，合金钢生产工艺复杂，成本高，但具有良好的热处理工艺性能，较高的综合机械性能，某些特殊的物理、化学性能，且组织、性能的可调性和适应性强。合金钢重量轻、寿命长，具有较高的综合价值，常用来制造一些重要的工程和结构零部件，其应用越来越广泛。

合金钢品种繁多，其分类可按照不同的冶炼方法、合金元素含量、用途、组织等进行，但最常用的是按照用途分类，分为合金结构钢、合金工具钢、特殊用途钢。

（1）合金结构钢。合金结构钢用于制作各种工程结构和机械零部件，是用量最大的一类合金。合金结构钢代号采用"两位数字 + 合金元素符号 + 数字"的形式，其中"两位数字"表示平均含碳量的万分数，"合金元素符号 + 数字"表示合金元素及其含量的百分数，如果合金元素含量小于 1.5%，则不予表示。如 65Si2Mn 表示平均含碳量为 0.65%、含硅量 2%、含锰量小于 1.5% 的合金结构钢。

（2）合金工具钢。合金工具钢用于制造重要的刃具、模具和量具。合金工具钢编号与合金结构钢类同，所不同的是其含碳量用一位数字表示其含碳量的千分数，且含碳量大于 1% 时不予标注。合金元素含量少于 1.5% 的不予标注合金元素含量。例如 9CrSi 表示平均含碳量是 0.9%，铬、硅的含量均小于 1.5% 的合金工具钢。又如，W18Cr5V 表示平均含碳量大于 1%、钨、铬含量分别是 18%、5%、钒的含量小于 1.5% 的合金工具钢。

（3）特殊用途钢。特殊用途钢用于在特殊介质和环境下工作的工程构件和零部件材料，如不锈钢、耐磨钢、耐热钢等。特殊用途钢编号与合金工具钢相同。

3. 钢材的品种和用途

工程上使用的钢铁材料，绝大部分是利用轧机通过塑性变形将钢锭或钢坯变成各种形状和尺寸规格的钢材，该过程也称为轧钢，它是钢铁生产过程的(炼铁、炼钢、轧钢) 三个重要环节之一。因为使用目的不同，钢材的种类很多，一般按其外形分为型材、板材、管材、钢丝四大类。为了便于生产、管理、订货，我国将上述四大类钢材又具体分为十五大品种。表 4-2 列出了不同类型钢材的品种、分类方法、规格以及用途。其中，型材是钢材中数量最多的一类，它包括了重轨、轻轨、普通大、中、小型型钢、优质型钢、线材和其他钢材等八大品种，具体规格更为繁多；板材是除型材外使用比较广泛的另一大类，按照国家标准，钢板厚度以 4 mm 为界分为薄钢板和厚钢板，习惯上把厚度小于 20 mm 的钢板称为中板，厚度大于 60 mm 的钢板称为特厚板。钢带是指厚度较薄、宽度较窄、长度很长可以长卷供应的钢板；钢管是钢材的主要品种之一，在石油、天然气、化工、汽车、纸质等领域被大量使用，按照生产方式分为无缝钢管和焊缝钢管；钢丝是由各种质量的热轧圆盘条经冷拔制造而成的，在工业上也具有广泛的用途。

表4-2 钢材的品种、分类方法、规格以及用途

类别	品种	钢材的分类、规格及用途	
型材	重轨	规格：每米重量大于24 kg的钢轨	
		用途：铁路轨道的主要组成部件	
	轻轨	规格：每米重量等于或小于24 kg的钢轨	
		用途：铁路轨道的主要组成部件	
	普通型钢	分类：按其断面形状分为圆钢、方钢、扁钢、六角钢、八角钢、工字钢、槽钢、等边钢、不等边钢等	
		规格：通常以反映其断面形状主要轮廓的尺寸来表示，如圆钢的规格采用直径的毫米数表示。异形型钢没有统一的规格表示方法，有的用型号表示，有的用断面面积表示	
		用途：其用量大，用途广，主要用于制造机械零件和壳体零件的骨架、各种建筑结构、桥梁、车辆、船舶等	
	优质型钢	分类：优质型钢用优质钢轧制的型材。根据生产方式不同，分为热轧（或锻造）和冷拔两大类	
		用途：多用于经过加工和热处理后制造各种机械零件和工具	
	线材	规格：主要指用普通低碳钢热轧成的圆盘条，其规格5~9 mm不等	
		用途：工业中直接用于建筑结构，还可用于制作圆钉、螺丝、钢丝、焊条等	
	其他钢材	用途：重轨配件、车轴坯、锻件坯、轮箍等	
板材	厚钢板	分类：按照钢的质量分为普通厚钢板、优质厚钢板、复合厚钢板三类	
		规格：厚度一般为4~60 mm，宽度为600~3000 mm，长度为1200~12000 mm	
	薄钢板	分类：按照质量分为普通薄钢板和优质薄钢板；按照生产方式分为热轧薄钢板和冷轧薄钢板。薄钢板品种繁多，如普通碳素薄钢板（黑铁皮）、镀锌薄钢板（白铁皮）、镀锡薄钢板（马口铁）、镀铅薄钢板、屋面薄钢板、深冲压用冷轧薄钢板、搪瓷用热轧薄钢板、不锈耐酸薄钢板、普通低合金结构薄钢板、花纹薄钢板、彩钢板等	
		规格：薄钢板的厚度0.2~4 mm，宽度500~1500 mm，长度500~4000 mm	
		用途：普通碳素薄钢板用于对表面要求不高、需经表面涂覆处理、且不需要经受深冲压工艺的制件，如通风管道、外壳、保护罩等；镀层薄钢板主要用于食品和医药的包装上，以及建筑和一般生活制品	
	钢带	分类：按照质量分为普通钢带和优质钢带；按照生产方式分为热轧钢带和冷轧钢带	
		规格：热轧普通钢带的厚度2~6 mm，宽度20~300 mm，长度大于4~6 mm。冷轧普通钢带的厚度0.05~3 mm，宽度5~200 mm，长度大于4~6 mm	
		用途：用于制造焊缝钢管、弹簧、锯条、刀片、手表零件、电缆外壳、汽车、洗衣机、电冰箱等外壳冲压件等	
	矽钢片	规格：经热、冷轧制成，一般厚度在1 mm以下	
		用途：变压器、电动机和发电机的铁芯	

类别	品种	钢材的分类、规格及用途
钢管	无缝钢管	分类：外形除了圆形外，还有异型管，如方形、矩形、椭圆形、半圆形、六角形、五角梅花形、三角形等
		规格：由各种钢经热轧或冷轧制成。规格以"外径×壁厚"表示，国内热轧钢管外径57~630 mm，壁厚2.5~75 mm。冷轧钢管外径2.5~200 mm，壁厚0.25~14 mm
		用途：用于特殊用途，如锅炉、地质物探、石油裂化、不锈耐酸用的钢管；用于对机械强度、耐腐蚀、耐磨损、化学成分有严格要求的情况
	焊缝钢管	分类：按照焊缝的形状分为直缝焊管和螺旋缝焊管；按其用途分为水、煤气等输送钢管、电线套管等
		用途：水、煤气等输送钢管、电线套管。焊管具有较高的经济效益，可用连续焊管代替无缝管，是发达国家钢材生产和使用的趋势
钢丝		分类：按照用途分为普通钢丝、冷顶锻钢丝、电工用钢丝、纺织用钢丝、弹簧钢丝、钢绳钢丝等。钢丝制品主要指钢丝绳，此外还有钢绞线、铁刺线、钢网等
		规格：以直径的毫米数表示，实际生产中以线规号表示，号数越大直径越小

另外，在热轧型钢的基础上，又发展了一种冷弯型钢，它是用钢板或带钢在冷状态下弯曲而成的各种断面形状的成品钢材，也称为钢制冷弯型材或冷弯型材，是一种专门用途型钢。冷弯型钢按产品厚度和展开宽度，分为大型(厚度 6 ~ 16 mm，展开宽度 600 ~ 2000 mm)，中型(厚度 3 ~ 6 mm，展开宽度 200 ~ 600 mm)，小型(厚度 1.5 ~ 4 mm，展开宽度 30 ~ 200 mm)，宽幅(厚度 0.5 ~ 4 mm，展开宽度 700 ~ 1600 mm) 四种；按形状，可分为开口和闭口两类。其中，通用开口冷弯型钢有等边与不等边的角钢、内卷边与外卷边角钢、等边与不等边槽钢、内卷边与外卷边槽钢、Z 型钢、卷边 Z 型钢、专用异型开口型钢等。闭口冷弯型钢是经过焊接的闭口形断面的冷弯型钢，按形状分为圆形、方形、矩形和异形。

冷弯型钢是一种经济的截面轻型薄壁钢材，它具有热轧所不能生产的各种特薄、形状复杂的截面。与热轧型钢相比较，在具有相同截面面积的情况下，其回转半径可增大 50% ~ 60%，截面惯性矩可增大 0.5 ~ 3.0 倍，因而能较合理地利用材料强度；与普通型钢(传统的工字钢、槽钢、角钢和钢板制作的钢结构)相比较，可节约 30% ~ 50% 左右的钢材，因此常用作轻型钢结构的主要材料。在大型构件和壳体的造型中，冷弯型钢可以用作骨架或加强筋，比如小型客车采用异形开口型钢制作汽车车窗、雨水槽、座椅机滑轮，大客车大多用闭口的方矩形钢，货运汽车大多用开口冷弯型钢，专用车辆如消防车、工程车大多用方矩形和异形冷弯型钢等。再比如升降电梯用空心导轨、自动电梯用结构架、其他异形构件用冷弯型钢，仓储式超市货架、起重机升降臂、支撑臂、塔式吊车构架用冷弯型钢，等等。

4.1.2 有色金属

有色金属是指除铁、铬、锰以外的所有金属及其合金，按照比重又可分为轻金属(如铝、镁、钛及其合金)和重金属(如铜、铅、锡及其轴承合金)。本节主要介绍造型设计常用的有色金属及其合金。

1. 铝及其合金

铝是地壳中含量最丰富的金属元素，仅次于氧和硅，它也是工业中用量最大的有色金属。铝尤其是铝合金具有优异的物理、机械、工艺等特性，不仅可作为工程结构和功能材料，也是一种重要的工业造型材料。由铝和铝合金所制造的现代工业产品，小巧轻薄、简洁平直、刚劲挺拔。

1）铝

铝的生产主要分为两个步骤，首先从矿石中提取氧化铝，然后由氧化物电解得到纯铝。氧化铝的提炼方法有电热法、酸法和碱法，目前最常用的方法，就是用氢氧化钠或碳酸钠把氧化铝从矿石中分离出来的碱法。从氧化铝中提取铝，在工业上一般采用熔盐电解法，该方法提炼的铝，纯度可达99.7%，这种铝称为原铝和纯铝，经铸造后得到的成品称为铝锭。

纯铝按照其纯度分为工业高纯铝和工业纯铝两种。工业高纯铝的牌号分为L01～L04四种，编号越大表示纯度越高。工业纯铝分为L1～L5五种，编号越大纯度越低。纯铝是银白色，有延展性，商品常制成棒状、片状、箔状、粉状、带状和丝状。铝是活泼金属，在干燥空气中铝的表面会立即形成厚约50埃（Å）的致密氧化膜，使铝不会进一步氧化并能耐水。铝的粉末与空气混合极易燃烧。熔融的铝能与水猛烈反应，在高温下能将许多金属氧化物还原为相应的金属。铝是两性的，易溶于强碱，也能溶于稀酸。工业纯铝的硬度和强度都很低，在机械制造、交通运输、仪器仪表等制造中均不使用，主要用于科研及制造电容器。

2）铝合金

铝合金是工业中应用最广泛的一类有色金属。铝合金在保持纯铝质轻等优点的同时，经过一定热处理后还具有较高的比强度，甚至超过很多合金钢，因此在航空、航天、汽车、机械制造、船舶及化学工业中得到大量应用。比如为了减轻自重，飞机的机身、蒙皮、压气机等常以铝合金制造，采用铝合金代替钢板材料的焊接结构件，可使其重量减轻50%以上。

铝合金有二元合金和多元合金之分，二元合金有铝铜、铝硅、铝镁、铝锌等合金，多元合金如常用于活塞的铝硅镁锰合金。铝合金根据形成的工艺特点，分为铸造铝合金和变形铝合金。表4-3所示为铸造铝合金和变形铝合金的性质及用途。

（1）铸造铝合金(生铝合金)。铸造铝合金具有良好的铸造性、焊接性和耐热性，常用来制造形状复杂、载荷不大、重量较轻、耐蚀、耐热的铸件，如内燃机的汽缸盖、活塞、风扇叶片、电机及仪表外壳或薄壁零件等。目前应用的铸造铝合金有铝硅、铝铜、铝镁、铝锌四个系列，最常见的是铝硅合金。

（2）变形铝合金。变形铝合金是经过冷热加工后，以锻坯、型材、板材供应的铝合金。根据变形铝合金的性能和使用特点，将其分为防锈铝合金、硬铝合金、超硬铝合金、锻铝合金。除了防锈铝合金外，其他三种都属于可以热处理强化的合金。变形铝合金牌号用"汉语拼音字母＋顺序号"表示，顺序号不直接表示合金元素的含量，其代号意义如下：

LF：防锈铝合金，简称防锈铝。常用的防锈铝有LF21、LF2、LF3、LF5等，其中LF21代表铝锰合金，其余为铝镁合金。

LY：硬铝合金，简称硬铝。LY11 是标准硬铝。

LC：超硬铝合金，简称超硬铝。

LD：锻铝合金，简称锻铝。

表4-3　铝合金的性质及用途

种类	品种	性质与用途
铸造铝合金	硅铝合金	性质：含硅量10%~13%，具有低熔点共晶组织，比重小，铸造流动性好，不易产生裂纹，铸件致密，收缩率小，耐腐性好；中加入少量铜、镁等合金元素或作为变质剂的化合物可改善组织状态
		用途：用于铸造内燃机活塞、汽缸体、风扇叶片、电机仪表外壳、形状复杂或薄壁零件
	铝铜合金	性质：含铜54.1%，具有立方晶格结构，硬度高，但较脆，是合金中重要的强化相，可以通过热处理提高强度，铸造流动性好；加入少量镍、锰等元素，可提高耐热性；塑性好，可以经受压力加工
		用途：用于铸造强度要求高且在高温下工作的零件
	铝镁合金	性质：质坚量轻，散热性较好，抗压性较强，能充分满足3C产品高度集成化、轻薄化、微型化、抗摔撞及电磁屏蔽和散热的要求；其硬度是传统塑料机壳的数倍，但重量较其轻
		用途：用于电子产品的外壳，高档门窗，船舶、舰艇、车辆用材，汽车和飞机板焊接件，需严格防火的压力容器、制冷装置、电视塔、钻探设备、交通运输设备、导弹元件、装甲等
	铝锌合金	性质：较高的强度，性价比高
		用途：用于医疗器械、仪器零件、日常生活用品等
变形铝合金	防锈铝合金	性质：良好的耐腐蚀性、可塑性、可焊接性，硬度和强度高，能承受弯曲、冲压等变形工艺
		用途：用于制造耐腐蚀的薄板容器、蒙皮以及壳体、管道
	硬铝合金	性质：也称杜拉铝，是以铝、铜、镁、锰为主的多元合金，可承受加工变形。硬铝合金是能够通过热处理得到强化的、应用最广泛的铝合金，但耐蚀性差，容易产生晶间腐蚀。标准硬铝既有相当高的硬度和足够的塑性，经退火、淬火处理可以进行冷弯、卷边、冲压等加工
		用途：用于制造飞机大梁、隔框、铆钉及蒙皮，在仪表中应用较多
	超硬铝合金	性质：以铝、铜、镁、锰为主的多元合金，还含有少量的铬和锰；强度较大，但耐热性和耐腐蚀性较差
		用途：常用包铝法防护，主要用于航空工业受力大的重要结构件
	锻铝合金	性质：具有较好的压力加工特性。LD5、LD6、LD10属于铝、镁、硅、铜合金，失效处理后可以得到较高强度，切削性能好，但耐蚀性和焊接性较差。LD7、LD8、LD9是含有铁和镍的耐热锻铝
		用途：用于形状复杂、具有较高比强度的锻造件材料

3）铝材

铝材是铝及铝合金经过压力加工后，形成的具有一定形状及尺寸、可供直接使用或再加工使用的半成品。铝材造型施工方便，刚性好，灵活性大，适合于单件小批量生产，受到造型设计师的普遍重视和青睐。目前铝材的品种和规格正在不断扩大和发展，成为产品造型设计的重要材料之一。铝材的品种有板材、型材、管材、棒材、线材和箔材，产品造型设计中应用最多是板材和型材。

（1）板材。板材分为热轧板（R）和冷轧板（L）。冷轧板又分为可热处理强化和不可热处理强化两种。板材表面经过阳极氧化、喷漆、覆膜或精加工处理后，可获得具有各种色彩或肌理的板材。

铝合金板材按表面处理方式可分为非涂漆产品和涂漆产品两大类；按涂装工艺可分为喷涂板产品和预辊涂板；按涂漆种类可分为聚酯、聚氨酯、聚酰胺、改性硅、氟碳等产品。单层铝板可采用纯铝板、锰合金铝板和镁合金铝板；氟碳铝板有氟碳喷涂板和氟碳预辊涂层铝板两种。板材厚度大于等于2.0 mm。

常用铝材主要有以下品种：

① 1××× 系列铝板材：代表为1050、1060、1100。在所有系列中，该系列含铝量最多，纯度可达99.00%以上。由于不含其他技术元素，因此其生产过程单一，价格便宜，在目前常规工业中使用最广泛。目前市场上流通的大部分铝板材为1050、1060系列。

② 2××× 系列铝板材：代表为2A16（LY16）、2A06（LY6）。该系列硬度较高，铜元素含量最高，约在3%～5%左右。该系列属于航空铝材，在常规工业中不常使用。我国生产厂家较少，主要由韩国和德国企业提供。但随着我国航空航天事业的发展，该系列的铝板生产技术将得到进一步提高。

③ 3××× 系列铝板材：代表为3003、3004、3A21，也称为防锈铝板。该系列价格高于1×××系列，是较为常用的合金系列。该系列含锰量较高，约在1.0%～1.5%之间。目前我国生产工艺较为优秀，常用在空调、冰箱、车底等潮湿环境中。

④ 4××× 系列铝板材：代表为4A01。该系列含硅量较高，通常在4.5%～6.0%之间。具有低熔点、耐蚀、耐热、耐磨的特性，属建筑、机械零件、锻造、焊接用材。

⑤ 5××× 系列铝板材：代表为5052、5005、5083、5A05。该系列是较常用的合金铝板系列，主要元素为镁，含镁量在3%～5%之间，又可以称为铝镁合金，具有密度低、抗拉强度高、延伸率高的特点。相同面积下该系列铝板材的重量低于其他系列，故常用在航空方面，如飞机油箱，在常规工业中应用也较为广泛；加工工艺为连铸连轧，属于热轧铝板系列，故能做氧化深加工。我国该系列铝板属于较为成熟的铝板系列之一。

⑥ 6××× 系列铝板材：代表为6061。主要含有镁和硅两种元素，故集中了4×××系列和5×××系列的优点。6061是一种冷处理铝锻造产品，适用于对抗腐蚀性、氧化性要求高的场合。该系列铝板材还具有接口优良、易涂层、使用性能和加工性能都好的特点，可用于低压武器和飞机接头上。

⑦ 7××× 系列铝板材：代表为7075，也属于航空系列。主要含有锌元素，是铝镁锌铜的可热处理合金。由于该铝板是经消除应力的，加工后不会变形、翘曲，因此超大超厚的7075铝板全部经超声波探测，保证无砂眼、杂质。7075铝板热导性高，成型效率高，其主要特点还有硬度高、强度高、耐磨性好，属于超硬铝合金，常用于制造飞机用材。

⑧ 8××× 系列铝板材：代表为 8011。主要用来做瓶盖，也用在散热器方面，大部分应用于制作铝箔。

（2）型材。型材为挤制品，根据断面形状分为角、槽、丁字、工字、Z 字等类别。各大品种又分为若干个小品种，如角型材分为直角、锐角、钝角、带圆头、异形等。根据用途分为民用、电子工业等品种。

（3）管材。管材的尺寸规格使用"外径 × 壁厚"表示。管材分为薄壁管（拉制）和厚壁管（挤制）。薄壁管的外径为 6 ~ 20 mm，壁厚不大于 5 mm；厚壁管的外径为 25 ~ 185 mm，壁厚大于 5 mm。

（4）棒材。棒材为挤压制品，尺寸规格用直径表示。

（5）线材。线材分为导线、焊条线和铆线三种，尺寸规格都按直径表示。

（6）箔材。箔材就是极薄的铝片或铝带。不同国家对不同品种箔材的厚度极限有不同的规定，如中国规定铝箔的最大厚度为 0.20 mm，最大宽度约 2 m。铝箔主要用于制作包装材料。

2. 铜及其合金

铜及其合金是人类应用最早的有色金属。自然界中的铜，多数以化合物即铜矿物存在，铜也是唯一能大量天然产出的金属，并能以单质金属状态及黄铜、青铜和其他合金的形态应用于工业、工程技术中。

1）纯铜

纯铜呈玫瑰红，表面被氧化后生成紫红色的氧化铜，所以纯铜也叫紫铜。

纯铜的导电性极好，仅次于银，且抗磁性强，在电器工业中常用作电工导体和各种防磁器械。纯铜还具有良好的导热性，广泛用于各种散热设备中。纯铜的化学稳定性高，在大气、淡水、非氧化酸中（如盐酸、氢氟酸）中均有优良的抗蚀性，但在海水和氧化性酸如硝酸、浓硫酸等中易被腐蚀。纯铜的熔点为 1083℃，比重为 8.93 g/cm³，具有面心立方晶格结构，具有极好的塑性，易于冷热加工，可轧制成极薄的铜箔、拉制成极细的铜丝、制成各种规格的型材。铜的铸造性较差，熔化时易吸收有害气体，在铸件中形成气孔，因此不宜直接用作结构材料。

工业纯铜的纯度可达 99.95% ~ 99.99%，根据所含杂质将其分为四级，分别用 T1、T2、T3、T4 表示。数字越大纯度越低。

2）铜合金

铜合金是以纯铜为基体加入一种或几种其他元素而得到的合金。常用的铜合金分为黄铜、青铜、白铜三大类，工业上使用最多的是黄铜和青铜。近代又出现含有铝、硅、铍、锰、铅的铜合金。按加工方法铜合金也可分为变形铜合金和铸造铜合金。

（1）黄铜。黄铜是以锌作为主要添加元素的铜合金。铜锌二元合金称普通黄铜或称简单黄铜。三元以上的黄铜称特殊黄铜或称复杂黄铜。普通黄铜代号用"H ＋ 数字"表示，数字表示含铜量的百分数。特殊黄铜的代号用"H ＋ 主加合金元素符号 ＋ 铜的百分含量 ＋ 主加合金元素的百分含量"表示。

普通黄铜中有两种应用比较广的黄铜，分别是单相黄铜和双向黄铜。单相黄铜的含锌量小于 32%，具有极好的变形能力，易进行冷加工，如称为"七三黄铜"的 H70、H68 是典型的单相黄铜，可大量用于制作弹壳、仪器的套管、复杂的深冲件；双相黄铜的含锌量大于 32%，塑性低，不宜冷加工，如称为"六四黄铜"的 H59、H62 是典型的双相黄铜，一般在 800℃ 以上进行热加工。双相黄铜具有高强度，一定的耐蚀性。因其含铜少，价格便宜，常用作电器上要求导电、耐蚀及适当强度的结构件，如螺纹紧固件和轴套等。双相黄铜多以型材和棒材供应。

特殊黄铜是在普通黄铜中加了铝、铁、硅、锰、锡、铅等合金元素，其性能得到进一步改善的一类黄铜。工业上常用的特殊黄铜有铝黄铜、铅黄铜、硅黄铜、锡黄铜等。

（2）青铜。青铜是铜和锡的合金。现代工业中，把除黄铜、白铜以外的铜合金均称为青铜。青铜和黄铜一样，也分为普通青铜和特殊青铜。

普通青铜又叫锡青铜，按照生产工艺分为压力加工锡青铜和铸造锡青铜。压力加工锡青铜主要用于制造弹簧、轴承、轴套上的衬垫等；铸造锡青铜含锡量为 10%～14%，主要用于制作承受中等载荷的零件，如阀门、泵体、齿轮等。铸造状态下，增加含锡量，其强度增大，塑性增加，但含锡量达 20% 以上，强度、塑性极差。

特殊青铜是在普通青铜中加入某些元素所得到的多元合金，如铅青铜、铝青铜、铍青铜、磷青铜等，其代号在青铜名字前冠以第一主要添加元素的符号。特殊青铜虽然铸造性不如锡青铜，但在其他方面具有优势，如铅青铜是现代发动机和磨床广泛使用的轴承材料。铝青铜强度高，耐磨性和耐蚀性好，用于铸造高载荷的齿轮、轴套、船用螺旋桨等。铍青铜和磷青铜的弹性极限高，导电性好，适于制造精密弹簧和电接触元件，铍青铜还用来制造煤矿、油库等使用的无火花工具。通常特殊青铜其价格昂贵，工艺复杂，是要求节约使用的金属材料。

（3）白铜。白铜是以镍为主要添加元素的铜合金。白铜也分为普通白铜和特殊白铜。铜镍二元合金称普通白铜，其代号用"B＋数字"表示，数字表示镍的百分含量。特殊白铜就是在普通白铜的基础上再加入锌、铝、锰等合金元素形成的复杂白铜，其代号与特殊黄铜类似。

工业用白铜分为结构白铜和电工白铜两大类。电工白铜具有极高的电阻和热电势、非常小的电阻温度系数，耐蚀性好，是制造精密电工测量仪器、变阻器、热电耦及电热器不可缺少的材料。

3. 镁及其合金

镁是一种轻质、具有延展性的银白色金属，在宇宙中含量第八，地壳中含量第七。镁是实用金属中最轻的金属，镁的比重大约是铝的 2/3、铁的 1/4。镁具有高强度、高刚性，略有延展性。镁的表面在空气中会生成一层很薄的氧化膜，使空气很难与它反应。

镁合金是以镁为基础加入其他元素而得到的合金，主要合金元素有铝、锌、锰、铈、钍以及少量锆或镉等。目前使用最广的是镁铝合金，其次是镁锰合金和镁锌锆合金，它们主要用于航空、航天、运输、化工、火箭等工业部门。

4. 钛及其合金

钛在地壳中储量极为丰富，仅次于铝、铁和镁。钛是一种银白色的过渡金属，重量轻，具有金属光泽。金红石为制取钛的主要原料，高温下钛的性质十分活泼，很容易和氧、氮、碳等元素化合，因此提炼纯钛的条件十分苛刻。工业上常用硫酸分解钛铁矿的方法制取二氧化钛，再由二氧化钛制取金属钛。钛的可塑性强，高纯钛的延伸率可达 50%～60%，断面收缩率可达 70%～80%。钛的比强度位于金属之首，钛中存在的杂质对其机械性能影响极大，钛作为结构材料所具有的良好机械性能，就是通过控制杂质含量和添加合金元素来达到的。钛具有超导性，但其导热性和导电性能较差，近似或略低于不锈钢。钛具有良好的抗腐蚀性，常温下钛与氧气化合生成一层极薄致密的氧化膜，该氧化膜常温下不与绝大多数强酸、强碱反应，包括酸中之王——王水，而只与氢氟酸、热的浓盐酸和浓硫酸反应，在较高的温度下，可与许多元素和化合物发生反应。

钛合金是以钛为基础加入适量的铬、锰、铁、钒、铝、钼等元素而得到的多元合金。根据合金组织结构，可把钛合金分为 α、β 和 α ＋ β 三种类型。α 钛属于同素异构体，熔点为 1720℃，在低于 882℃ 时呈密排六方晶格结构，因此 α 合金组织稳定，热强度及热稳定性优良，焊接及变形性能很好，可用于制作在高温（450 ～ 500℃）下长期工作的零部件，如发动机压气机叶片、飞机蒙皮等；β 钛在 882℃ 以上时呈体心立方晶格结构，β 合金强度较高，冲压性能好，不经失效处理也可进一步强化，抗脆性抗断裂性能好，易于焊接，但热稳定性差，主要用于制造宇航工业的结构材料；α ＋ β 合金塑性好，易于锻造冲压成型，也可时效强化，退火后有良好的低温性能、热稳定性和焊接性能，主要用于制作火箭发动机外壳、航空发动机叶片。

4.1.3 轴承合金

轴承合金是制作滑动轴承中轴瓦及其内衬的耐磨性材料，通常附着于轴承座壳内，起减摩作用，又称轴瓦合金。为了保证轴承工作平稳、无噪声，轴承合金必须具有良好的减磨性（摩擦系数小，磨合性和抗咬合性好）和足够的力学性能（抗压强度、疲劳强度、耐磨性），良好的导热性和耐蚀性。

轴承合金的组织在软相基体上均匀分布着硬相质点，或硬相基体上均匀分布着软相质点。

1. 巴比特合金

工业上应用最早的轴承合金是 1839 年美国人巴比特 (I.Babbitt) 发明的锡基轴承合金 (Sn-7.4Sb-3.7Cu) 以及随后研制成的铅基合金，因此将锡基和铅基轴承合金称为巴比特合金 (或巴氏合金)。巴比特合金呈白色，又常称"白合金" (White Metal)。巴比特合金由软相基体和均匀分布的硬相质点组成，目前已发展到几十个牌号，相应牌号的成分十分相近，是各国广为使用的轴承材料。

典型锡基轴承合金中，软相基体为固溶体，硬相质点为锡锑金属间化合物 (SnSb)。中国的锡基轴承合金牌号用"Ch"符号表示，牌号前的"Z"表示是铸造合金，如"ZChSnSb11-6"表示中国的铸造锡基轴承合金，含有 11% 的 Sb、6% 的 Cu、其余为 Sn；铅基轴承合金是在铅锑合金的基础上加入锡和铜的合金，其性能不及锡基轴承合金，不适合制造受激烈震动或冲击载荷的轴承，但其成本低，主要用于在中速轻载或静载下工作的轴承，如汽车或拖拉机曲轴的轴承，牌号"ZChPbSb16-16-2"表示中国的铅基轴承合金，含有 16% 的 Sb、16% 的 Sn、2% 的 Cu，其余为 Pb。

2. 铜基轴承合金

铜基轴承合金有铅青铜和锡青铜，其中铜为硬基体，铅为软质点，与巴比特合金相比，这种合金具有很高的抗疲劳强度和承载能力，具有优良的耐磨性、导热性和低的摩擦系数，能在 250℃ 下正常工作，因此常用作制造重要的高速重载轴承，如航空发动机、高速柴油机等的轴承。

3. long-s metal 新型合金

long-s metal 新型合金与传统的巴氏合金皆可用于制造滑动轴承，但制造成本远远低于巴氏合金，long-s metal 在国内音译为"龙氏合金"，也称为新型减摩合金或新型轴承合金，包括铝基、锌基系列减摩轴承合金。其中铝基轴承合金资源丰富，价格低廉，抗疲劳强度高及导热性能好，可进行连续轧制生产，被广泛用于制造高速重载轴承，但因其膨胀系数大，运转时容易与周边发生咬合，故使用受到一定限制。

4. 特种微晶轴承合金

微晶合金是一种合金晶粒细化至微米级的合金材料，这种合金可以实现在某一特殊方面具有极其优异的综合机械性能、超强的尺寸稳定性和耐磨性，如航空发动机用轻体镁基微晶合金、耐高温的镍基微晶合金、具有高度可靠性的银基微晶合金等。国内研制成功的特种微晶轴承材料填补了国内在减摩材料方面的空白，使材料的单项性能保持了与世界微晶合金技术的同步发展。

4.1.4　粉末合金

粉末合金是用金属粉末或金属粉末与非金属粉末的混合物作为原料在模具中经过压制成型和烧结制造而成的合金，该生产方法称为粉末冶金。粉末冶金法与生产陶瓷相似，因此也称为陶瓷冶金。粉末冶金在技术和经济上有许多优点，如在组分彼此不熔合、比重和熔点相差较大的情况下可以制成均匀且难熔的合金，也可以通过控制材料的孔隙度制造出多孔材料，这使得粉末合金在宇航、电器电子、化学等工程领域得到越来越广泛的应用。

但是粉末合金的应用在技术上也有所局限。由于制造粉末原料成本高，压制粉末需要的单位压力强，因此粉末合金零件的尺寸受到一定限制。合金模具要求高，因此小批量生产时成本会很高。粉末的流动性低，不易压制出形状复杂的零件，烧结制品的韧性也比较差。目前通过静压成型技术已克服了粉末合金产品形状和尺寸的局限性。应用粉末热锻压技术，可提高粉末合金产品的密度和韧性。

粉末冶金技术在新材料的研制和发展中起着举足轻重的作用，如现代金属粉末 3D 打印，集机械工程、CAD、逆向工程技术、分层制造技术、数控技术、材料科学、激光技术于一身，使得粉末冶金制品技术成为跨更多学科的现代综合技术。

4.1.5　特种金属

特种金属是指用于不同用途的结构金属材料和功能金属材料。其中，有通过快速冷凝工艺获得的非晶态金属材料以及准晶、微晶、纳米晶金属材料等，还有具有隐身、抗氢、超导、形状记忆、耐磨、减振阻尼等特殊功能的合金以及金属基复合材料等。

4.2　金属材料的固有特性

金属材料的内部结构赋予了材料的固有特性，也决定了它特有的使用性质。所谓金属材料的使用性能，是指金属材料零件在使用条件下表现出来的性能，它包括力学性能、物理性能、化学性能等。金属材料使用性能的好坏，决定了它的使用范围与使用寿命。

1. 金属材料的物理性能

金属材料的密度差别较大，包括了重金属和轻金属，特别是在现代小、轻、巧、薄的工业产品造型中，使用高强度的轻金属（如铝、镁、钛等）愈加广泛。其次，金属还可以制成金属间化合物，可与其他金属或非金属元素（如氢、硼、碳、氮、氧、磷与硫等）在熔融态下形成合金，以改善金属性能。

2. 金属材料的力学性能

金属材料的力学性能是零件设计和选材时的主要依据。外加载荷性质不同（例如拉伸、压缩、扭转、冲击、循环载荷等），对金属材料要求的力学性能也将不同。常用的力学性能包括强度、塑性、弹性、硬度、刚度、冲击韧性、多次冲击抗力和疲劳极限等，相比其他造型材料，金属材料具有优良的力学性能。金属种类不同，其力学性能也不同。

3. 金属材料的热学和电、磁性能

金属材料受热时，体积会有不同程度的膨胀，在常温下使用可不考虑其膨胀，但在特殊情况下，例如作为测量工具、精密配合的零件等，需重视其热膨胀性。

金属材料具有良好的导电性、导热性和正的电阻温度系数，是电和热的良导体，尤其纯金属的导热性和导电性一般都优于其合金，如纯金属中银、铜、铝。

金属材料按其磁性大小，分为铁磁性材料（如铁、钴、镍等）、顺磁性材料（如锰、铬、钼等）和抗磁性材料（如铜、银、铝等）三大类，其中铁磁性材料具有重要的工程实用价值。

4. 金属材料的化学性质

金属材料的化学性质主要包括抗蚀性和抗氧化性。除了贵金属外，几乎所有金属的化学性质都较为活泼，易氧化而生锈腐蚀，因此腐蚀介质和高温环境对金属材料的破坏作用十分惊人。据统计，全世界每年由于氧化腐蚀而报废的金属设备和材料，相当于金属年产量的 1/3，因此在产品造型设计时，对金属材料产品的表面处理，除具有装饰意义外，更重要的是防止腐蚀保护金属材料。不同种类金属，其抗腐蚀能力有所不同。

5. 金属材料的美学性质

金属材料具有良好的反射能力、金属光泽和不透明性，具有较好的装饰效果。

4.3 金属材料的工艺特性

金属材料的工艺特性包括成型工艺性和表面处理工艺性。

4.3.1 金属材料的成型工艺

金属材料的成型工艺包括铸造成型、压力加工成型、焊接成型、机械加工成型等工艺。

1. 铸造加工及其工艺性

铸造是通过熔炼金属并将熔融金属注入铸型、凝固后获得一定形状和性能铸件的成型方法。

1）铸造加工的特点

目前，铸造在机械制造中占重要地位，依重量计，在机床、内燃机、重型机器中铸件约占 50%～70%，在汽车中约占 20%～30%。铸造的主要优点如下：

（1）适应性强。铸造生产一般不受合金种类的限制，常用的种类有铸铁、钢、铝和铜及其合金。铸造生产不受零件大小、形状及结构复杂程度的限制，铸件可轻到几克、重达数百吨。铸件壁可以薄至 1 mm、厚到几米。长度可短至几毫米、长到十几米。在大件的生产中，铸造的优越性更加显著。

（2）成本低。与锻造相比，铸件使用的原材料成本低，对于单件小批量生产，设备投资小，生产动力消耗小。铸件的形状尺寸与成品零件极为接近，原材料消耗及切削加工费用大为减少。

但是铸造也有不足之处，如铸件组织晶粒粗大，内部常有缩孔、沙眼等缺陷，因而铸件的力学性能不及锻造件；铸造生产工序繁多，工艺过程较难控制，致使废品率较高；铸造工人劳动强度大。随着铸造技术研究的不断深入，铸造技术的不足之处也不断得到克服，尤其当前推行计算机集成制造系统(CIMS)，实现绿色铸造以及发挥铸造行业的整体优化势在必行。

2）铸造的种类及特性

铸造的方法很多，使用最为普遍的是砂型铸造。在砂型铸造基础上，通过改变铸型的材料、浇铸方法、铸件凝固的条件等，又创造了许多其他的铸造方法，称为特种铸造。特种铸造在提高铸件质量、提高劳动生产率方面表现出一定的优越性，主要包括熔模铸造、金属型铸造、压力铸造、离心铸造、陶瓷铸造等。

（1）砂型铸造。砂型铸造是采用型砂制造铸型的铸造方法，其工艺过程如图 4-1 所示。

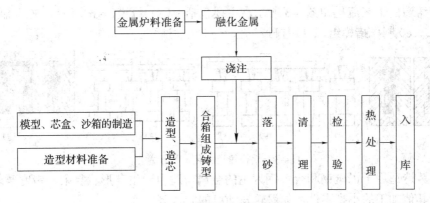

图4-1　砂型铸造工艺过程

砂型铸造的造型方法分为手工造型和机械造型两种。其中，手工造型操作灵活，适应性强，造型成本低，但效率低，铸件质量不稳定，主要用于新产品试制、工艺装备的制件、机器的修复以及复杂铸件的生产等单件小批量生产；机器造型使用模板进行造型，模板是将模型、浇铸系统沿分型面与平板连接成整体，造型后平板形成分型面，模型形成铸型的型腔，它适合于大批量生产。机器造型只能使用两箱造型，不能使用三箱，也不能使用活块，因此在设计大批量铸件产品时，要考虑到机器造型这一特点。图 4-2 所示为砂型铸造工艺流程示意图。

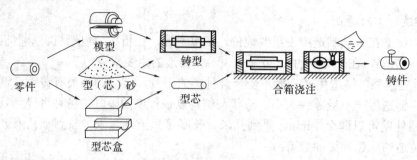

图4-2　砂型铸造工艺流程示意图

（2）熔模铸造。熔模铸造是将若干层耐火材料包覆在蜡模表面,待其硬化后熔去蜡模,从而得到无分型面的铸型的铸造方法。因模型采用蜡质材料,故常将熔模铸造称为"失蜡铸造"。公元前数百年,我国已使用蜡和牛油制作模型,附以黏土,用于制造各种造型精美、带有花纹和文字的钟鼎和器皿,20世纪40年代此方法仍用在工业产品的生产中。熔模铸造属于精密铸造的一种。

相比砂型铸造,熔模铸造具有以下特点:

① 铸件精度高(尺寸精度为IT10～IT14)、表面光洁(Ra为1.6～12.5 μm),可大大减少机械加工余量或不进行机械加工;

② 适合于各种金属及合金铸造,尤其适合于高熔点及难以切削加工的合金;

③ 适用于形状复杂的铸件。铸件的最小孔径为0.5 mm,铸件的最小壁厚为0.3 mm,还可将几个零件组合进行整体铸造。

但是,熔模铸造受限于壳体强度,一般铸件重量小于25 kg,目前最大重量可达80 kg。熔模铸造工艺较复杂,不易控制,使用和消耗的材料较贵。

熔模铸造的工艺流程如图4-3所示,主要包括:（a）母模、（b）压型、（c）制作蜡模、（d）蜡模、（e）制作蜡模组、（f）挂砂结壳、（g）浇注造型。

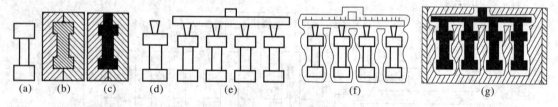

图4-3　熔模铸造工艺流程示意图

熔模铸造适用于以碳钢和合金钢为主的金属,适用于生产形状复杂、精度要求高、或难以进行其他加工的小型零件,如涡轮发动机的叶片等。

目前在熔模铸造的基础上,又发展了实型铸造。实型铸造就是用可发性聚苯乙烯珠粒在压型中发泡成型或使用机械加工成型,形状复杂的可分别加工后黏合,涂以涂料后,放入沙箱或磁丸造型箱中,不取出模型,直接浇注金属液体,通过聚苯乙烯汽化而得到铸件。实型铸造在工业产品试制产品中具有重要意义。

（3）金属型铸造。金属型铸造是将液态金属浇入金属铸型从而获得铸件的铸造方法。由于金属铸型可以使用多次,因此又称为永久性铸造。金属铸型多用灰口铸铁制造,在恶劣工作条件下,有时使用45号钢制造。金属型铸造具有以下特点:

①"一型多铸",可以节约工时和型砂,生产率高。

② 铸件组织致密，力学性能好。如金属型的铝合金铸件，比砂型铸件的抗拉强度可平均提高 10% ～ 20%，抗腐蚀性和硬度也显著提高，这是因为金属型铸件的冷却速度相对较快。

③ 铸件表面精度较高，表面光洁（Ra 为 6.3 ～ 12.5μm），故可不加工或少加工。

但金属型铸造成本高、周期长。铸造透气性差，无退让性，易使铸件浇部不足而产生裂纹。受金属铸型的限制，铸件合金熔点不宜太高，重量不宜太大，形状不宜太复杂。

金属型铸造适用于大批量生产的熔点不宜太高的有色合金铸件，如内燃机的铝活塞、汽缸体、铜合金轴瓦、轴套等，以及可锻铸造件和铸钢件。

（4）离心铸造。离心铸造是将液态金属浇入高速旋转的铸型中，利用离心力填充铸型并凝固成型的铸造方法。

离心铸造在离心铸造机上进行。根据铸型旋转轴在空间的位置，离心铸造机分为立式和卧式两种。立式离心铸造机上的铸型是绕垂直轴旋转，主要用来生产高度小于直径的圆环类铸件；卧式离心铸造机的铸型是绕水平旋转，主要用来生产长度大于直径的套类和管类铸件。

相比砂型铸造，离心铸造具有以下特点：

① 工艺过程简单。比如中孔管类零件的铸造，既省去了型芯、浇铸系统和冒口，也节约了金属和原材料；

② 由于液态金属在离心力作用下，气孔、夹渣等集中于铸件内表面，而金属从外向内呈方向性结晶，因而铸造组织致密，无缩孔、气孔等缺陷，机械性能较好；

③ 便于制造"双金属"。比如可以制造钢套挂衬滑动轴承，既可满足滑动轴承的使用要求，又可省去使用轴承合金材料。

但是离心铸造的不足之处是内表面质量差，孔的尺寸不易控制。通常对于内孔需要进一步加工的零件，可通过采用加大内孔加工余量的方法解决。

离心铸造广泛应用于制造铸铁管、缸套和滑动轴承，也可用于熔模壳离心浇注刀具、齿轮等成型铸件。

（5）压力铸造。压力铸造（简称压铸）是在高压作用下，使液态或半液态金属以较高的速度充填压铸模具型腔，并在压力下成型凝固而获得铸件的方法。

压铸在压铸机上进行。压铸机一般分为热压室压铸机和冷压室压铸机两大类。其中，热压室压铸机（简称热空压铸机）的压室浸在熔化保温坩埚的液态金属中，压射件不直接与机座连接，而是装在坩埚上面。这种压铸机的优点是生产工序简单，效率高，金属消耗少，工艺稳定。但压室、压射冲头长期浸泡在液体金属中，影响使用寿命，并易增加合金的含铁量。热压室压铸机目前大多用于压铸锌合金等低熔点合金铸件，但也会用于小型铝、镁合金压铸件；冷室压铸机的压室与保温炉是分开的。压铸时，从保温炉中取出液体金属浇入压室后进行压铸。

压力铸造的铸型采用具有优良的强度和耐热性的优质合金钢为主体材料。目前压铸合金不再局限于锌、铝、镁和铜等有色金属，逐渐扩大用来压铸铸铁和铸钢。

与其他铸造方法相比，压力铸造具有以下特点：

① 产品质量好。铸件尺寸精度高（IT6 ～ IT7），甚至可达 IT4，表面光洁（Ra 为 0.8 ～ 3.2 μm）。强度和硬度较高，强度一般比砂型铸造提高 25% ～ 30%，延伸率降低约 70%。尺寸稳定，互换性好；可压铸薄壁、带镶嵌件的复杂铸件，并能得到清晰度很高的花纹、图案、文字等，如锌合金压铸件最小壁厚可达 0.3 mm，铝合金铸件可达 0.5 mm，最小铸出孔径为

0.7 mm，最小螺距为 0.75 mm。

② 生产效率高。压铸机生产率高，压铸型寿命长，易实现机械化和自动化。

③ 经济效果优良。压铸件一般不用或少用机械加工就可得到满意的外观质量，并可直接用涂料进行表面装饰，这样既提高了金属利用率，又减少了大量的加工设备和工时。采用组合压铸既节省装配工时，又节省金属材料。

压力铸造的不足之处是：由于压铸时液态金属充填速度高，型腔内气体难以完全排除，因此压铸件易出现气孔、裂纹及氧化杂物等缺陷；通常不能进行热处理；压铸模的结构复杂、制造周期长、成本较高，不适合小批量生产；受到压铸机锁模力及装模尺寸的限制，不宜生产大型压铸件；难以铸造内凹复杂的铸件。

(6) 陶瓷铸造。陶瓷铸造是在普通砂型铸造基础上发展起来的一种新工艺。陶瓷铸型是利用质地较纯、热稳定性较高的耐火材料作造型材料，用硅酸乙酯水解液作黏结剂，在催化剂的作用下，经灌浆、结胶、起模、焙烧等工序制成。通过这种铸造方法得到的铸件，具有较高的尺寸精度和表面光洁度，因而又叫陶瓷型精密铸造。陶瓷铸造适合高熔点合金，可以铸造表面光滑、细长精细的铸件，也可以生产吨级的大型部件。

除此之外，还有低压铸造、连续铸造等，这些铸造方法均具有各自的特点和优越性。

3）铸造方法的选择

各种铸造方法都有优缺点，对于铸件应根据具体条件选择合适的铸造方法。选择铸造方法时，不仅要考虑生产批量、铸造合金的种类、铸件的形状与重量、尺寸精度及表面粗糙度等铸件本身因素，还要考虑后续加工成本及生产现场条件等因素。有时，特种铸造方法生产的铸件成本高于砂型铸造，但由于其节省了大量后续的机械加工设备和工时，提高了铸造合金的利用率和生产率，往往特种铸造的总成本低于砂型铸造。尽管砂型铸造有很多缺点，但其适应性强，设备简单，目前仍是最基本的铸造方法。

2. 压力加工及其工艺性

压力加工是指在外力作用下使坯料产生塑性变形，从而得到具有一定形状、尺寸和机械性能的原材料、毛坯或零件的加工方法。压力加工是一种非常重要的金属成形方法，它要求参与成形的金属材料必须具有良好的塑性，通常工业用钢和大多数非铁金属材料及其合金都可进行压力加工。

1）压力加工的特点

金属材料通过压力加工时产生的塑性变形可改善金属的内部组织，比如，塑性变形可以压合金属铸坯的微裂纹、缩孔、气孔等，促使内部组织致密。通过再结晶可使晶粒细化，提高金属的机械性能，从而在保证强度和韧性的前提下，减小零件尺寸和重量，节省金属材料和加工工时。压力加工使用范围广，从形状简单的螺钉毛坯到形状复杂的曲轴毛坯，从 1 克重的表针到几百吨重的发电机大轴均可生产。

但是压力加工也存在不足，它只适合塑性金属材料的加工，对于脆性材料如铸铁、青铜等则无能为力。为了有利于金属材料的压力加工，生产中常通过改变材料的化学成分、组织结构以及变形条件等手段，提高金属材料的可锻性。压力加工不适合加工形状太复杂的零件，对于内外形状复杂的零件，采用铸造加工比压力加工更为方便。

2）压力加工的种类及工艺特性

轧制、挤压、拉拔、自由锻、模锻、板料冲压是金属材料常用的压力加工方法。工业生产中所用的不同截面的型材、板材和线材等是通过轧制、挤压、拉拔等方法生产的，而各种机器零件的毛坯或成品，如齿轮、连杆、油箱等多数是采用自由锻、模锻、板料冲压等方法生产。

（1）轧制。轧制是指金属坯料在一对回转轧辊的孔隙（或孔型）中靠摩擦力作用连续进入轧辊而产生变形的加工方法。如图4-4所示，钢坯料通过轧制可加工成不同截面形状的原材料，如圆钢、方钢、角钢、T型钢、工字钢、槽钢、Z字钢等。

（2）拉拔。拉拔是将金属材料拉过拉拔模的模孔而使金属变形的加工方法。如图4-5所示，拉拔主要用于制造各种细线材、薄壁管等各种特殊形状的型材，拉拔产品精度高，表面光洁，适用于拉拔成型的材料主要有低碳钢及多数有色金属及其合金。

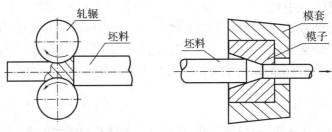

图4-4　轧制成型示意图　　　　图4-5　拉拔成型示意图

（3）挤压。挤压是将金属坯料放入挤压筒内，用强大的压力使坯料从模孔中挤出而变形的加工方法。通过挤压可得到多种截面形状的型材或零件，适用于挤压成型的材料主要有低碳钢、有色金属及其合金。生产中常用的挤压方法主要有四种（见图4-6）：

① 正挤压：金属流动方向与凸模运动方向相同。

② 反挤压：金属流动方向与凸模运动方向相反。

③ 复合挤压：坯料上一部分金属的流动方向与凸模运动方向相同，一部分金属的流动方向与凸模运动方向相反。

④ 径向挤压：金属流动方向与凸模运动方向垂直。

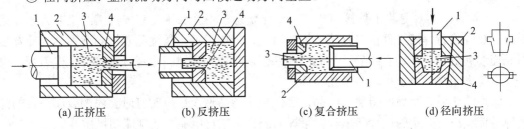

(a) 正挤压　　　　(b) 反挤压　　　　(c) 复合挤压　　　　(d) 径向挤压

1—凸模；2—挤压筒；3—坯料；4—挤压模
图4-6　挤压成型示意图

（4）自由锻。自由锻是将金属坯料放在上下砧铁之间，施以冲击力和静压力使其变形的加工方法，如图4-7所示。

（5）模锻。模锻是将金属坯料放在一定形状的锻模模膛内，施以冲击力和静压力使其发生变形的加工方法，如图4-8所示。

（6）板材冲压。板材冲压是利用冲模使板料产生分离或变形的加工方法，如图4-9所示。

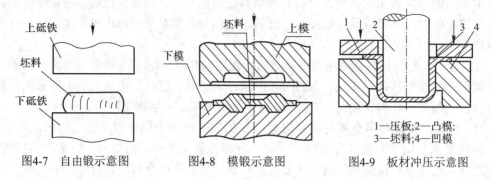

图4-7 自由锻示意图　　　　图4-8 模锻示意图　　　　图4-9 板材冲压示意图

1—压板;2—凸模;
3—坯料;4—凹模

3. 焊接技术及其工艺性

金属焊接是借助原子间的结合,使分离的两部分金属形成不可拆卸的整体的工艺方法。焊接界面间的原子是通过相互扩散、结晶和再结晶而形成共同的晶粒,因而焊接头非常牢固,强度一般不低于被焊金属(母材)的强度。在产品设计中,金属焊接技术起到非常重要的作用。

1)焊接技术特点

对于某些可以采用铸焊或锻焊联合的结构,可以取代整铸或整锻结构,从而实现以小拼大、以简拼繁,节省金属材料,简化坯料准备工艺,降低制造成本;相比铆接工艺,相同结构,采用焊接工艺以焊代铆,不钻孔,不用辅助材料,可节省金属材料,节省制造工时,且焊接头密封性好;焊接工艺还可以制造双金属结构,如切削刀具的切削部分(刀刃)和加固部分(刀体)可通过焊接工艺连接成整体,也可制造电气工程中使用的过渡接头等。

2)金属材料的焊接方法

被焊金属的接触表面粗糙不光洁、表面氧化膜和污物都是实施焊接的障碍,因此在焊接过程中必须采用加热、加压或同时加热加压等手段,促使金属原子接触、扩散、结晶,从而达到焊接的目的。金属的焊接方法,按照焊接的过程特点分为熔焊、压焊、钎焊等。

(1)熔焊。熔焊是将工件接口加热至熔化状态,不施加压力完成焊接的工艺方法。熔焊时,热源将待焊两工件接口处迅速加热熔化,形成熔池,熔池随热源向前移动,冷却后形成连续焊缝,待冷却凝固后,分离的工件便连接成为整体。熔焊分为气焊、电弧焊、电渣焊、等离子焊、电子束焊、激光焊等。

熔焊的实质是金属的熔化与结晶,类似于小型铸造。熔焊时有时会添加金属,目的是使焊缝接头符合规定的尺寸和形状。熔焊的能量可来自电能、化学能和机械能。

(2)压焊。压焊是在加压条件下,使分离工件的结合面处产生塑性变形从而连接成整体的工艺方法。因为是在固态下实现原子间的结合,所以压焊又称固态焊接。常用的压焊工艺有电阻焊、摩擦焊、冷压焊、爆炸焊、超声波焊、扩散焊等。电阻焊有点焊、缝焊和对焊三种形式。最常用的是电阻对焊,即当电流通过两工件的连接端时,该处因电阻很大而温度上升,当加热至塑性状态时,在压力作用下连接成为一体。

压焊的共同特点是在焊接过程中施加压力而不加填充材料。多数压焊方法如扩散焊、超声波焊、冷压焊等都没有熔化过程,因而没有熔焊带来的有益合金元素烧损、有害元素侵入焊缝的问题,从而简化了焊接过程,也改善了焊接安全卫生条件。同时由于加热温度比熔焊低、加热时间短，因而热影响区小。许多难以熔化的材料，往往可以用压焊焊成与母材同等强度的优质接头。

（3）钎焊。钎焊是使用比工件熔点低的金属材料作钎料，将工件和钎料加热到高于钎料熔点、低于工件熔点的温度，用液态钎料填充接口间隙并与工件实现原子间的相互扩散、凝固，从而实现焊接的工艺方法。钎焊分为软钎焊和硬钎焊。钎焊的热源是火焰和电。钎焊过程中，被焊金属不熔化，因此与钎料不能形成共同的晶粒。

3）金属材料的焊接性

金属材料的焊接性是指金属材料在采用一定工艺方法、工艺材料、工艺参数及一定结构的条件下，获得优质焊接接头的难易程度。

影响焊接性的因素主要有材料化学成分、焊接工艺、焊接材料、结构形式、环境条件、焊接电流和焊接速度等工艺参数。估算钢焊接性使用碳当量法，碳当量越低，焊接性越好。

提高金属材料的焊接性，未来的发展方向除了研制新的焊接方法、焊接设备和焊接材料，如改进现有电弧、等离子弧、电子束、激光焊等焊接能源，还要运用电子技术和控制技术，改善电弧的工艺性能，研制可靠轻巧的电弧跟踪方法。另外，要提高焊接机械化和自动化水平，如焊机实现程序数字化控制，研制从准备工序、焊接到质量监控全过程自动化的专用焊机，在自动焊接生产线上，推广、扩大数控的焊接机械手和焊接机器人，提高焊接生产水平，改善焊接卫生安全条件。

4. 机械加工及其工艺

机械加工是指通过机械设备对工件的形状、尺寸或性能进行改变的过程。金属的切削加工是其中一种，它是指用刀具在金属工件上切去多余金属层，从而使工件获得符合要求的几何形状、尺寸精度和表面粗糙度的加工方法。

1）金属切削加工的种类

金属的切削加工分为钳工和机加工两种。

（1）钳工。钳工是指通过各种手工工具对金属工件进行切削加工的加工方法。钳工常用来完成目前机加工不能完成的一些工作，比如高精度量具、样板、夹具、模具等制造中的一些钳工活，使零、部件通过钳工装配成机器，损坏机器的修配，因此在工业产品制造中，钳工仍起着重要的作用。钳工的操作大部分是用手工完成的。

（2）机加工。机加工是通过操纵机床对金属工件进行切削加工的加工方法，主要包括车、钻、铣、刨、磨和齿轮加工等。在绝大部分的工业产品制造中，一般都需要进行机加工。虽然随着精密铸造和精密锻造技术的发展，锻件和铸件获得了很高的尺寸精度和表面质量，其应用范围也不断扩大，但是作为保证零件具有更高尺寸精度和更好表面质量的最终手段，机加工在金属材料加工中仍占有相当重要的地位。

2）金属材料的切削加工性

切削加工性是指金属材料进行切削加工时的难易程度。切削加工中，不同材料进行切削加工的难易程度差别很大，如碳素结构钢一般比合金结构钢容易切削，刀具的耐用度较高。加工易切削钢，不仅刀具耐用度高，且可以获得好的表面质量。

（1）切削加工性衡量标准：一是用一定刀具耐用度下允许切削速度的大小来衡量，通常用耐用度为 60 min 时的切削速度（U_{60}）来表示，U_{60} 越大，加工性能越好；二是用精加工后工件表面质量的 Ra 值来衡量，Ra 值越小，加工性能越好。

（2）切削加工性的改善：可以通过改善金属材料的显微组织改善金属材料的切削加工性，比如采用热处理工艺。在不影响使用性能的条件下，也可以加入易切削元素，如硫、磷等。

3）先进的机械加工技术

随着现代机械加工的快速发展，涌现出了许多先进的机械加工技术，比如微型机械加工技术、精密及超精密加工技术等。

（1）微型机械加工技术。微型机械加工技术是随着微／纳米科学与技术的发展而形成的一种新技术。微机械以本身形状尺寸微小或操作尺度极小为特征，成为人们认识和改造微观世界的一种高新科技，它具有能在狭小空间内进行作业而又不扰乱工作环境和对象的特点，在航空航天、精密仪器、生物医疗等领域有着广阔的应用潜力，并成为纳米技术研究的重要手段，因而受到高度重视并被列为21世纪关键技术之首。

（2）精密及超精密机械加工技术。精密及超精密加工是现代机械加工制造技术的一个重要组成部分，是衡量一个国家高科技制造业水平高低的重要指标之一。20世纪60年代以来，随着计算机及信息技术的发展，人们对制造技术提出了更高的要求，不仅要求获得极高的尺寸、形位精度，而且要求获得极高的表面质量。正是在这样的市场需求下，超精密加工技术得到了迅速的发展，各种工艺、新方法不断涌现。

4.3.2　金属材料的表面处理及装饰工艺

1. 金属材料的表面处理

许多金属都有生成稳定氧化膜的自然倾向。金属表面处理就是指金属表面原子层与某些特定介质的阴离子层反应后在金属表面生成转化膜。转化膜层几乎在所有金属表面都能生成，它与基体的结合比镀层好，且具有绝缘性。

1）铝及其合金的氧化及着色处理

（1）铝及其合金的氧化处理：氧化处理包括阳极氧化和化学氧化。

① 阳极氧化：阳极氧化就是将铝和铝合金工件置于电解液中使其表面生成氧化膜的氧化方法。氧化膜的性质取决于电解液的类型及氧化过程的条件。氧化膜一般具有多孔性、吸附性、硬度、电绝缘性、绝热性等主要性质。氧化膜可作为有机涂层的底层，其多孔性和吸附性使其便于着色处理。

② 化学氧化：化学氧化是不用外来电流，仅把铝和铝合金工件置入适当溶液中使其表面生成人工氧化膜的氧化方法。比如，将铝件放入碱溶液和碱金属的铬酸盐中生成 Al_2O_3 和 $Al(OH)_3$，这种氧化膜强度低，易磨损，抗蚀性差，但吸附性好，常作为表面涂层的底层。铝合金件经化学氧化再涂装，大大提高了其外观装饰件的抗蚀能力，使涂料的保持性增强。化学氧化处理的优点是生产效率高，成本低，不需要专门设备，适合大批量生产，因此在面饰工艺中大量采用化学氧化法。

（2）铝及其合金的着色处理：铝及其合金经氧化处理后，再经过着色处理，便可得到良好装饰效果的表面。着色方法主要有化学染色法、阳极氧化电解着色法、整体着色法、干涉光电解着色法。

① 化学染色法。化学染色是将氧化后的工件置于无机染料或有机染料的水溶液中进行染色。无机染色在常温下进行，染色时间长，颜色淡；有机染色在中温下进行，具有上

色快、色彩鲜艳的优点，但染色易褪色。目前多采用有机染色。

② 阳极氧化电解着色法。该方法是铝和铝合金重要的着色方法之一，分两步进行：首先将铝置于适当的电解液中作为阳极通电处理，其表面会生成厚度为几至几十微米的阳极氧化膜；然后再在金属盐的着色液中电解着色。此工艺操作简便、成本低廉，具有古朴、典雅的装饰效果。与化学染色相比，此方法具有耐晒性、能耗小、工艺条件易于控制的优点，广泛用于汽车、航空、造船、机械、日常生活、建筑等方面。彩图 4-10 所示为铝阳极氧化及着色后的三脚架产品。

③ 整体着色法。该方法是无机着色法，即将阳极氧化和着色同步进行，目前这种方法逐步被阳极氧化电解着色法所代替。

④ 干涉光电解着色法。该方法是在阳极氧化和电解着色之间加一扩孔步骤。在同一种着色液中，随着着色时间的延长，可获得从蓝灰色到红色的各种颜色，其显色机理是由于光在膜中发生干涉而引起的。该方法主要的缺点是稳定性和重现性差，因此其应用受到了限制。

2）钢铁的氧化及磷化处理

（1）钢铁的氧化处理：该氧化处理是将钢件浸在浓碱溶液中煮沸，在钢件表面生成稳定的四氧化三铁氧化膜。四氧化三铁氧化膜呈蓝黑色，所以又称"发蓝"。发蓝是提高黑色金属防护能力的一种简便又经济的方法，其优点是膜薄，不影响零件的装配尺寸。对表面粗糙度要求高或抛光的精密件，发蓝后表面又黑又亮，具有防护和装饰效果，在精密仪器、光学仪器及其机械制造中经常使用这一工艺。

由于化学氧化在碱液中进行，一般不产生氢脆现象，因此对氢脆敏感的弹簧件、薄钢片等高强度钢可进行发蓝处理。

（2）钢铁的磷化处理：该磷化处理是将钢件浸在磷酸盐中，在钢件表面生成难溶于水的磷酸盐膜，简称"磷化"。磷化是钢铁表面防护常用方法之一。其优点是，磷酸盐膜的厚度可达到 3 ～ 20 μm，甚至更厚；磷酸盐膜与基体金属有较好的结合，性能好，有良好的耐蚀性、吸附性、电绝缘性；随着处理工艺不同，其颜色由暗灰到黑色，具有较好的装饰性。有色金属（如铝、锌、铜、锡）也可进行磷化处理。

3）铜与铜合金的氧化处理

铜具有很好的导电性，在电气工业及仪表工业中应用广泛。铜在干燥的大气中比较稳定，但在潮湿的大气和海水中很容易腐蚀，在水、二氧化碳、氧的作用下很容易生成碱式碳酸铜（俗称铜绿），因此为了提高其耐蚀性，必须对其进行表面处理。

（1）过硫酸盐碱性溶液氧化法。将铜置于配好的过硫酸钾溶液中，经 60 ～ 65℃ 浸煮 5 分钟后即可生成黑色氧化膜。

（2）铜氨溶液化学氧化法。该方法适合于含铜量为 52% ～ 68% 的黄铜件，所得到的氧化膜质量不及过硫酸盐碱性溶液的氧化膜。为了提高其防护能力，一般还须涂以清漆。

（3）古铜色化学氧化铜镀法。该方法针对于镀铜制件，可使镀铜件获得古色古香的外观。古铜色化学氧化铜镀法就是将制件镀铜后，在硫酸溶液中活化，再用过硫酸盐碱性溶液氧化。氧化后还可进行机械抛光或滚光，涂上清漆，提高其抗蚀性和抗变色能力。

（4）碱性溶液电化学氧化法：该方法适合各种铜合金，它是将铜合金置于氢氧化钠的热溶液中进行阳极氧化，形成黑色氧化膜。

2. 金属材料的表面装饰

金属材料可以通过镀饰、涂饰、搪瓷等表面装饰，满足不同性能要求并获得不同的外观效果；也可通过精整加工、研磨、刻蚀等面饰工艺，满足其表面需求。表 4-4 为金属材料常用的表面处理种类和特点。表 4-5 为镀层颜色。

表 4-4　金属材料常用的表面处理种类及特点

名称	层厚度（μm）	可处理的材质	特　点
镀锌	3～20	钢	防锈，价格低，不美观
镀镍	5～20	钢、铜、黄铜	耐腐蚀性提高，装饰性好
镀铬	5～20	钢、铜、黄铜	耐腐蚀性好，有光泽外观
发蓝	5～20	钢	可作喷涂底层，有光泽外观，但不及磷酸盐的处理效果，易于生锈
阳极氧化	本色：3～5 黑色：5～10	铝合金	防腐性、耐磨性、耐热性好

表 4-5　镀 层 颜 色

镀锌	镀镍	镀铬	发黑	阳极氧化（黑色、本色）

除此之外，随着材料和工艺技术的不断发展，金属材料还有一些其他的表面装饰技术。

1）*热浸涂层*

热浸涂层就是将金属制件浸入熔融金属中获得金属涂层的一种方法。热浸涂层作为一种涂覆方法只适合于低熔点金属。用作涂层的金属主要有锌、锡和铅；用作涂层的基体主要是钢铁材料，其次是铸铁和铜。热浸涂层一般均由两层组成，外层是纯的浸涂金属，内层是基体与浸涂金属组成的合金层。合金层一般比基体金属的硬度大，故可耐冲击而不脱落。尽管纯熔融金属层被破坏，但仍能保持涂层的完整性和连续性。

（1）热浸锌层：钢铁材料热浸锌层是既实用又经济的有效保护方法。锌在大气中具有很好的防护性能，尤其纯锌涂层较厚，而且锌 - 铁合金层与基体结合紧密，具有良好的耐磨性和耐蚀性，是其他涂层难以比拟的。

目前，采用热浸锌 - 铝合金涂层、热浸锌层再涂装的两层体系法，其防护效果更好，在特别恶劣环境中长期使用也能达到良好的防护效果。一般在室外暴晒环境下使用的钢材，多采用热浸锌层或两层体系保护。

（2）热浸锡层：锡在有机酸中具有稳定、无毒的特性，锡金属本身不易变色，因此涂锡铁皮主要用于包装工业、食品罐头工业以及电器行业。但锡资源缺乏，因此会影响热浸锡层的应用。

（3）热浸铅层：热浸铅层主要用于包覆电缆和汽车工业中的汽油箱等。

2）层压塑料薄膜

层压塑料薄膜就是用层压法把塑料薄膜黏结在金属基体上制成塑料薄膜层压金属。塑料薄膜上可以压制出各种图案，如木纹、布纹或皮革纹等，这种工艺广泛用在建筑、车辆、电器的装饰上。

目前这种装饰性的薄膜金属板数量与日俱增，如丙烯酸树脂薄膜层压在镀锌钢板上，其层压薄膜长达20年不褪色、不脱落、不产生裂纹，主要用于建筑装饰上；氯乙烯薄膜层压在钢板和钢带上，具有优良的韧性、耐候性、抗化学药品腐蚀性，薄膜色彩鲜艳、品种繁多，在各工业部门广泛应用；聚乙烯薄膜可以制成各种花纹，也可以印刷，具有良好的绝缘性和抗刮伤性，层压于钢板后广泛应用于仪表工业的外罩、建筑业的隔墙等；聚氟乙烯薄膜具有良好的耐候性、耐热性和抗化学药品腐蚀性，最高持续工作温度为100℃，层压于钢板或铝板上，可用于建筑装饰面板和其他室外器材，能20年不褪色、不脱落和不开裂。

3）暂时性防护涂层

所谓暂时性，是指当需要使用金属制件或材料时，可以容易地除去防护层恢复其原有的色彩、光泽和肌理。暂时性防护涂层是为了使制件在封存、运输或加工过程中得到保护而使用的一种方法，有时如量具、刀具、轴承等表面精度要求高而不易使用其他防护措施的金属制件也使用该方法，目前集装箱运输均采用该方法。暂时性防护涂层根据涂覆方法不同，其防锈能力可长达几年至几十年不等。

暂时性防护涂层的主要材料是防锈油、防锈纸、可剥性塑料等。

4.4 金属材料的结构工艺性

不同的造型材料和不同的成型加工工艺，对产品造型结构的复杂程度、尺寸大小、精度和表面质量等都有不同的要求，结构工艺性就是指造型结构相对于成型加工工艺及其工艺性能的合理性。因此在产品设计时，设计师不仅应使造型的结构满足使用要求，而且要充分考虑其使用的成型加工方法和工艺性能对结构工艺性的保证。结构工艺性的好坏，对产品质量、生产成本与生产率有很大影响。本节主要介绍典型成型加工工艺的结构工艺性。

1. 铸造的结构工艺性

铸造的结构工艺性是指设计的铸件结构对铸造加工的难易程度。

1）铸造方法对铸件结构的要求

在4.3.1节中可以看到，不同铸造方法对铸件结构的复杂度、尺寸精度、表面质量、铸件重量和壁厚都有相应要求，因此铸件结构应结合铸造方法进行合理设计。比如砂型铸造为了简化造型、制芯、制作芯盒等工艺装备，便于下芯和清理，铸件设计应注意以下几点：

（1）铸件的外形应力求简单，轮廓平直，造型时尽可能用一个分型面。

若铸件壁上设计有凸台、凸缘、局部侧凹等，会影响起模。在单件小批量生产中，必须使用活块造型或多箱造型等方法才能铸出。在大量生产时，则不得不增加砂芯。因此这种铸件结构浪费工时，增加成本，应在结构上对其进行适当改进(见图4-11)。

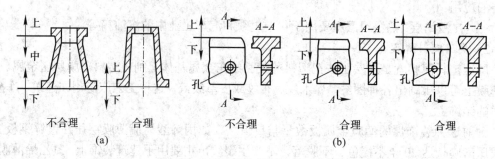

图4-11　铸件的外形轮廓设计

（2）铸件的内腔，应力求使用的型芯少，装配、清理方便，排气容易。

如图 4-12(a)所示，在保证铸件强度的前提下，可以将内腔体设计成开口结构，不用或少用闭口结构；铸件的内腔也应避免设计成盲孔结构，以便少用或不用型芯，如图 4-12(b)所示。

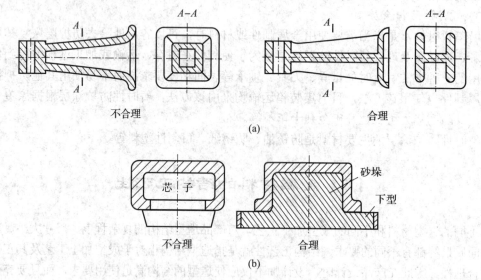

图4-12　铸件的内腔体设计

（3）铸件的壁厚，力求厚薄合理、均匀。

① 铸件的壁厚应设计合理。铸件壁厚应不小于铸造合金材料的最小允许壁厚，否则会由于充型能力不足，产生冷隔、浇不足等缺陷。铸件的壁厚也不易过厚，因为过厚的壁在中心部分晶粒较为粗大，且易产生缩孔、缩松等问题，降低了铸件的力学性能，对于灰口铸铁尤为明显。为了增加铸件的承载能力，可选择合理的截面形状或带加强筋的结构，以减小壁厚，如图 4-13 所示。

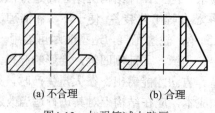

图4-13　加强筋减小壁厚

铸件的内壁厚度应小于外壁厚度。因为铸件内壁散热条件比较差,内壁比外壁薄,可使整个铸件冷却均匀,防止内应力和裂纹的产生。

② 铸件壁厚应均匀。如图4-14所示,铸件壁厚相对均匀,壁与壁连接处尽可能避免交叉和锐角过渡,应采取圆角设计,这样不仅造型美观,且避免了因局部金属积聚造成变形、裂纹和缩孔等铸造问题。不同壁厚相连接时,应采取逐渐过渡的方式,以减少应力集中。

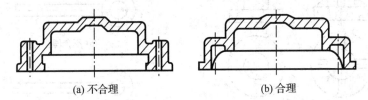

(a) 不合理　　　　　　　　　(b) 合理

图4-14　均匀壁厚设计

(4) 设计起模斜度。

凡顺着起模方向的内外表面,都应设计合理的起模斜度。合理的起模斜度,不仅起模方便,而且造型美观、表面光滑。设计时应参考国家行业标准(JB/T5105—1991)。

(5) 尽量避免过大的水平面结构。

在浇铸铸件时,液态金属上升到较大水平面时,由于横断面突然增大,金属液面上升的速度锐减,致使型腔顶部的表层型砂受到较长时间的烘烤,开裂脱落,使铸件产生夹砂问题。同时气体、夹杂物也容易停留在平面顶部,使铸件产生气孔、夹杂等问题。将平面改为斜面,就能有效防止上述问题的产生。

2) 铸造材料对铸件结构的要求

不同铸造材料的铸造性能不同,因而对结构的要求也不同。如普通灰口铸铁的铸造性能最好,流动性好、收缩性小,所以对铸件的壁厚均匀程度和不同壁厚的过渡形式,要求不甚严格。而球墨铸铁铸造性稍差,有较大的疏松倾向,因此铸件结构设计要严格按照铸件的壁厚均匀、避免热节、便于补缩的原则。

2. 压力加工的结构工艺性

压力加工的结构工艺性,是指压力加工件对实施压力加工的难易程度。

1) 自由锻件

自由锻造采用的工具简单,锻件形状和尺寸精度很大程度上取决于工人的技术水平,所以锻件的形状不宜过于复杂,同时设计中还应考虑以下几点:

(1) 圆锥面和斜面锻造需要专用工具,锻造较困难,因此应尽量避免圆锥面、斜面结构。

(2) 圆柱体与圆柱体交接处难锻造,可改进成平面与圆柱面或平面与平面交接,如图4-15所示。

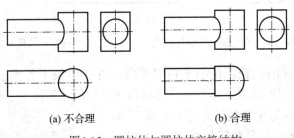

(a) 不合理　　　　　　　　　(b) 合理

图4-15　圆柱体与圆柱体交接结构

（3）加强筋和凸台等结构、椭圆形和工字型等特殊截面结构、曲线表面结构都难以通过自由锻得到，应尽量避免，如图4-16所示。

（4）横截面有急剧变化或形状复杂的零件，可自由锻造几个易锻造的简单部分，再将其焊接成整体，如图4-17所示。

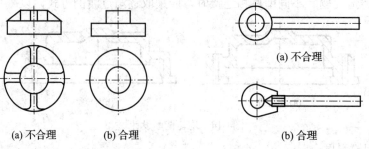

图4-16　加强筋和凸台等结构　　　图4-17　横截面有急剧变化结构

2）模锻件

设计模锻件时，应根据模锻工艺的特点和要求，着重考虑以下几个方面：

（1）为了保证方便地从锻模的模腔中取出模锻件，应设计合理的分模面。

（2）模锻件的加工表面应留有机械加工余量，与锻压方向平行的非加工表面应设计模锻斜度，且转角处要有一定的圆角。

（3）模锻件形状应力求平直、简单、对称，避免薄壁、高筋和凸起等外形结构，避免面积急剧变化。

（4）在结构允许的情况下，尽量避免深孔或多孔结构。孔径小于30 mm和孔深大于直径两倍者，均不能直接锻出通孔。

（5）形状复杂者，应先锻后焊，简化模锻工艺。

3）冲压件

为简化冲压工艺，保证质量，提高材料利用率，设计冲压件应注意以下几点：

（1）落料零件：零件的外形力求简单、对称，以便排样时废料量最低，如图4-18所示，其中(a)废料最少，(b)次之。落料外形尽量采用圆形、矩形等规则形状，避免细长悬臂和长槽结构，否则冲模制造困难，寿命低。如图4-19为不合理的落料外形。

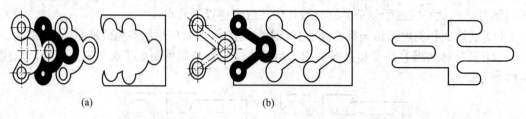

(a)　　　　　　　　　　(b)

图4-18　零件形状与材料利用　　　　　图4-19　不合理的落料外形

（2）冲孔零件：孔的直径不能小于材料厚度。方孔边长不得小于材料厚度的0.9倍。孔与孔距离不得小于材料厚度。零件外缘凸出和凹进的尺寸不能小于材料厚度的1.5倍。

（3）弯曲零件：为防止弯裂，应考虑纤维方向，弯曲半径不可小于材料许可的最小弯曲半径。如图 4-20 所示，平直部分 $H>2t$。弯曲带孔时，为避免孔变形，$L>(1.5\sim2)t$。

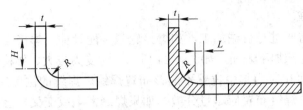

图4-20 弯曲零件

（4）拉深零件：拉深件的形状种类繁多，可分为回转体、非回转体（如盒形零件）和空间曲线形零件（如汽车覆盖件等）。其中回转体容易拉深，而空间曲线形零件拉深成型难度最大。在回转体零件中，圆形件较易成型，而锥形件较难成型。

为了便于加工，拉深件形状应简单、对称。为减少拉深次数，拉深件的高度不宜过高，凸缘也不宜过宽。底部转角应有一定的圆角半径。

（5）冲压结构的合理应用：对一些复杂结构可采用冲压再焊接的工艺结构，代替铸、锻再经切削加工结构，如图 4-21 所示。在强度允许的前提下，尽可能采用较薄的材料。对局部强度不够的地方，采用加强筋方法，如图 4-22 所示，使用加强筋后，冲压件从 10 mm 变成了 6 mm，减少了金属消耗。

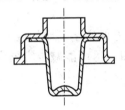
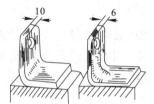

图4-21 冲压焊接结构　　　图4-22 改善冲压件强度措施

3. 焊接的结构工艺性

焊接的结构工艺性是指造型结构对实施焊接的难易程度，它影响到焊接质量、生产率和成本等相关的技术与经济问题。在设计焊缝时应注意以下几点：

1）焊缝的可焊到性

布置焊缝要考虑到留有足够的操作空间，即便于焊条和焊把的伸入。如图 4-23（a）所示结构的可焊到性较差，图 4-23（b）所示焊件的可焊到性得到改善。此外，焊缝应尽量放在平焊位置，减少横焊焊缝。

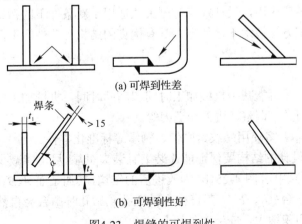

(a) 可焊到性差

(b) 可焊到性好

图4-23 焊缝的可焊到性

2）焊缝布置合理

如果焊接结构需要进行机械加工，如焊接轮毂、配管件、焊接支架等，其焊缝位置的设计应该尽可能避开加工表面，如图4-24所示。对受力较大、结构较复杂的焊接结构件，在最大应力断面和应力集中位置不应该布置焊缝。焊缝的位置应尽可能对称布置，放止焊后发生变形。焊缝布置应尽量分散，如果焊缝密集或交叉，会造成金属过热，加大热影响区，使组织恶化，因此两条焊缝的间距一般要求大于三倍的板厚，且不小于100 mm。

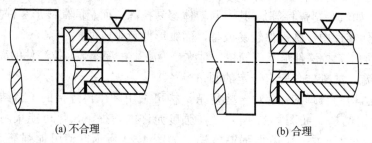

(a) 不合理　　　　　　　　　　　(b) 合理

图4-24　焊缝的布置

3）实焊方便、安全

焊缝设计应注意改善焊接劳动条件，使得实焊方便安全。比如应尽量避免在小空间、尤其封闭空间内实焊，可在单侧开出 U 或 V 形坡口，尽可能减少容器内的操作。避免仰焊或者采用埋弧自动焊，提高焊接效率和安全。

4）接口形式的选择和设计

焊接接口形式应根据结构形状、强度要求、工件厚度、焊后变形大小、焊条消耗量、坡口加工难易程度、焊接方法等综合因素考虑决定。还要注意接口过渡形式，比如焊接结构件最好采用等厚度的金属材料，以便获得优质焊接接头，当两块厚度相差较大的金属材料进行焊接时，接头处会造成应力集中，而且接头两边受力不均易产生焊不透等问题。

4. 机械加工的结构工艺性

机械加工的结构工艺性是指所设计的结构进行机械加工的难易程度，即尽可能采用相对高生产率、少材料消耗、低生产成本的方法进行加工。随着加工、装配自动化程度不断提高以及机械手的推广应用，设计师应时刻关注适用于新条件下的新结构，研究如何在现有的生产条件和加工方法技术下，使零件具有优良的结构工艺性。下面介绍常见机械加工应注意的结构工艺。

1）便于加工

在加工过程中，尽可能减少机械加工时间和辅助时间。机械加工的辅助时间包括零件的装夹、测量、对刀具、调整、进刀和退刀等。

（1）减少加工成本。多使用螺纹紧固件、轴承等标准化零件。

（2）便于装夹。设计的结构要保证能够装夹且装夹可靠。尽可能减少装夹次数，提倡"一刀活"。与图 4-25(a) 相比，图 4-25(b) 为改进后的结构，其加工面 A、B、C 处于一个平面上，且设计了两个工艺凸台（G、H），其直径小于通孔，钻孔时凸台会自然脱落。工件上的 D 部分与卡爪的接触面积增大，安装方便可靠。

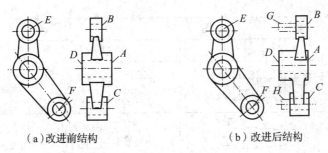

（a）改进前结构 　　　　　　　（b）改进后结构

图4-25 便于装夹

（3）提高加工效率、减少加工难度。表4-6列出了基于提高加工效率、减少加工难度这两个要求的相关结构工艺性图例及其说明。

表4-6 提高加工效率和减少加工难度的结构工艺性

结构工艺性	序号	图 例		说 明
		改进前	改进后	
减少刀具调整次数	1			可将加工表面尽可能设计在一个平面上
	2			设计锥度相同的结构
减少工件调整次数	1			采用通孔结构。该结构同轴性好，当表面需淬硬时，热处理工艺性得到了改善
	2			只需一次安装就可完成加工
减少加工面积以及加工表面数	1			将锪平面改为车削断面，大大减少了加工面积
	2			改进前，用实心毛坯进行深孔加工；改进后，使用无缝钢管，外缘焊上套环，从而减少了加工量

结构工艺性	序号	图例		说明
		改进前	改进后	
采用标准刀具，减少刀具种类	1	2 2.5 3	2.5 2.5 2.5	轴的退刀槽尽量一致
	2	8 6	6 6	轴上的键槽形状和尺寸尽量一致
	3	R3 R1.5	R2 R2	轴上的过渡圆角尽量一致，便于磨削或精车加工
减少内表面加工	1			改进后，相对阀套内表面的沉槽，阀杆上沟槽加工和测量方便，且易保证精度
	2			改进后，避免了箱体的内表面加工，通过增加两个轴套来配合轴
便于加工时的进刀、退刀、测量及钻孔	1			磨削或车削时，在各表面过渡部位要设计有砂轮越程槽或退刀槽
	2			内表面加工时的退刀槽或砂轮越程槽
	3			刨削平面时，前端须留让刀的部位
	4			在套筒内插削键槽时，应在键槽前端设置一孔以便让刀
	5	Ra6.3	Ra6.3	钻孔时，孔到工件表面的距离应保证钻孔能顺利进行

2）便于装配

通过设计倒角、切槽等结构，便于装配贴紧（见图4-26）；螺钉连接要留足扳手活动空间（见图4-27（a）、（b）），螺栓或双头螺柱连接要便于装配。在图4-27（c）、（d）中，最左边的螺栓连接装配很不方便，通过设计装配手孔或者改成螺柱连接则使得装配方便。

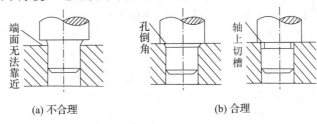

图4-26 便于装配贴紧

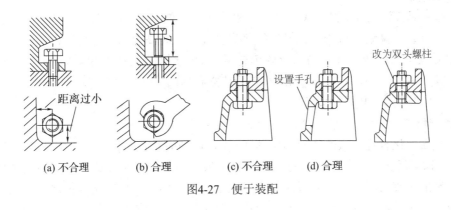

图4-27 便于装配

3）有利于提高刀具刚度和寿命

如钻头工作时，应避免在曲面、斜面上钻孔，也防止钻头单边工作，以有利于提高刀具的刚度和寿命，如图4-28（a）存在着单边工作、在斜壁上钻孔的问题，图4-28（b）为改进后的零件结构。

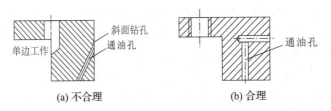

图4-28 提高刀具刚度

4.5 新型的金属材料

随着社会的进步与科学技术的发展，人们对金属材料使用性能的要求越来越高，因此新型金属材料的不断涌现将成为未来金属材料工业的重要特征之一。新型金属材料是完全不同于传统金属材料的一类新的金属材料，它所具有的某些特殊且优越的使用性能，是传统金属材料不具备的。虽然新型金属材料还是在金属的理论体系框架之内，具有金属最基本的特性，但是这类材料涉及的基本理论体系有重大的本质性发展，合金系统的某些基本特性及其设计原理也有重大发展。本节介绍几类典型的新型金属材料。

4.5.1 金属间化合物的新型金属材料

金属间化合物材料是以金属间化合物为基体，取代以某种金属元素为基体的一类新型金属材料，其基本特性由作为基体的金属间化合物决定。由于金属间化合物是一种还保持金属基本特性的化合物，因此它在许多方面与传统金属材料相通，但又在许多方面与传统金属材料不同。金属间化合物类似其他化合物，不同原子之间具有较强的结合力，室温下有较大的脆性，这些特性使得金属间化合物难以成为容易被生产和大量应用的工程材料。但是不同原子之间的各式各样的结合，使得不同金属间化合物表现出各式各样的特性和优越性，因而对其的研究探索和开发从不间断，它是当前正在发展的一种新型金属材料。

1. 结构材料

最典型的是高温高性能的 TiAl 合金。TiAl 合金具有低密度（减重效果可达 40%～50%）、高强度、高模量、高蠕变抗力、抗燃烧等优异性能，成为高温钛合金使用温度上限和高温合金使用温度下限区间内减重的唯一候选材料。如美国 GE 公司已经采用铸造 TiAl 合金，用作最新波音 787 和 747 民用飞机的发动机低压涡轮后两级叶片材料，这使得单个发动机减轻重量约 200 磅（1 磅 =0.454 kg）。

2. 功能材料

利用金属间化合物特殊的物理和化学性能，可以制成具有各种特殊物化性能的新材料。

（1）钕铁硼稀土永磁材料。该材料是一种以我国富有的稀土元素与铁形成的金属间化合物为基础的永磁材料，可以制成能量密度很高的贮能器，实现能量与信息的高效率相互转换。现代科学技术与信息产业正向集成化、小型化和超小型化、轻量化、智能化方向发展，钕铁硼稀土永磁材料为其提供了重要的材料物质基础。例如，日本 60% 的计算机硬磁盘驱动器采用该材料，为保证磁头定位精度高，存、取速度更高，要求钕铁硼稀土永磁材料的磁性能更高。

（2）稀土超磁致伸缩材料。磁致伸缩材料在磁场作用下能够伸长与缩短，因此它具有电磁能（或电信息）与机械能、声能（或声信息）的相互转换功能，是重要的功能材料。与传统的稀土超磁致伸缩材料相比，该材料具有磁致伸缩应变大、能量密度高、能量转换效率高、响应速度快、稳定与可靠性高等特点，可广泛应用于低频大功率声呐水声换能器，应用于波动采油和超声技术等电声换能器，用于智能机翼线性电机，还可应用于微位移驱动器、主动减振与消振系统、燃油喷嘴、高速阀门等。该材料可诱发一系列高新技术产业群，提高国家的竞争能力，被称为 21 世纪重要的战略材料。

（3）贮氢合金。贮氢合金是一种能吸氢和放氢的金属间化合物，它是利用金属或合金与氢形成氢化物而把氢贮存起来。氢能源发热值高、污染小、资源丰富。金属具有密堆积的结构，存在许多四面体和八面体空隙，可以容纳半径较小的氢原子。目前有镁系贮氢合金（MgH_2、Mg_2Ni 等）、稀土贮氢合金（$LaNi_5$）、钛系贮氢合金（TiH_2，$TiMn_{1.5}$ 等）等，主要是稀土贮氢合金。随着石油资源逐渐枯竭，贮氢合金是在 21 世纪需要开发的新能源之一，目前贮氢合金用于氢动力汽车的实验已获得成功。

3. 功能结构材料

形状记忆合金是一种新型的功能结构金属材料，用这种合金做成的金属丝，即使将它揉成一团，但只要达到某个温度，它便能在瞬间恢复原来的形状，这是因为在一定的条件下金属间化合物会发生马氏体相变而导致形状记忆效应。形状记忆效应是热弹性马氏体的一种特殊表现，具有形状记忆效应的合金都具有热弹性马氏体相变。当马氏体受应力时，马氏体内部的组织，即孪晶或层错，进行再取向而储存能量，当应力去除或在逆转变时再取向进行可逆长大，从而形成形状记忆效应。形状记忆效应有以下三种类型：

（1）伪弹性形状记忆效应：当母相受应力后，诱发马氏体相变继而应变。当应力去除后，马氏体消失，应变趋于回复。

（2）塑性形状记忆效应：合金冷却时产生马氏体相变，经塑性形变，再经加热产生逆相变，恢复到母相时逐渐回复应变，到马氏体完全消失时，完全回复母相的原来形状。该效应也称为单程形状记忆效应。

（3）双程形状记忆效应：合金不但对母相的原来形状具有记忆效应，而且当再冷却成为马氏体时还能恢复为马氏体的形状。由于这种回复往往不完全，所以双程形状记忆效应需要反复进行多达 10 次以上的热机械处理，即在一定温度下反复加应力拉长和回复，或在一定应力下反复升温和降温，才能记住受力马氏体的形状。

形状记忆合金广泛用于卫星、航空、生物工程、医药、能源和自动化等方面。如美国登月宇宙飞船上的一小团天线，在阳光的照射下自动迅速展开成半球状后开始工作，这种自展天线就是用具有形状记忆能力的镍钛型合金制造而成的。这种合金在转变温度之上时坚硬结实，强度很大，而低于转变温度时，却十分柔软，易于冷加工。形状记忆合金在F-14 飞机上用于制作钛液压管的连接环，即先在室温下把 TiNi 形状记忆合金加工成连接环，其内径略小于钛液压管的外径，再降至低温后加力扩径8%后使其可在钛液压管上滑动，当再回到室温时，TiNi 形状记忆合金紧固连接环回复到原来尺寸，产生收缩从而紧固连接钛液压管。形状记忆合金还广泛应用于生物医学领域，例如用作血凝块的网状分离器，先在低于体温的温度下将其折叠并放入静脉血管，当体温回升至正常时，网状分离器又重新展开。形状记忆合金还可用作接骨用的板、钉和修牙用具等，利用形状记忆效应使断骨之间产生压力，使断骨之间良好连接促进断骨修复。形状记忆合金也广泛应用于促发器或促发开关，利用形状记忆合金弹簧具有的在低温下有效弹性模量低于通常的弹簧、高温相反的特性，可以通过控制温度使形状记忆合金弹簧，双向来回运动起促发作用，这种热激活促发开关在家用电器上也应用广泛。此外，形状记忆合金在手提电话天线、活动眼镜架等多方面都有应用。

形状记忆合金自问世以来，就引起了人们极大的兴趣和关注，近年来人们发现在高分子材料、铁磁材料和超导材料中也存在形状记忆效应。对这类形状记忆材料的研究和开发，将促进机械、电子、自动控制、仪器仪表和机器人等相关学科的发展。

4.5.2 非晶态金属合金材料

非晶态金属合金又称为金属玻璃，具有拉伸强度大、硬度高、高电阻率、高磁导率、高抗腐蚀性等优异性能。自 1960 年非晶材料被发现后，非晶材料基本上是以非晶粉末和几十微米厚的非晶薄带等形式出现。非晶态金属合金适合用于制作变压器和电动机的铁芯材料，其效率为97%，比用硅钢高出10% 左右。此外，其在脉冲变压器、磁放大器、电源变压器、漏电开关、光磁记录材料、高速磁泡头存储器、磁头和超大规模集成电路基板等方面均得到应用。大块金属玻璃材料是 20 世纪 90 年代大力发展的材料，日本的 Inoue 教授和 Johnson 教授率先开展了系统研究，处于领先地位。该材料在一定的条件下具有极好的超塑性，拉伸变形量可达 15000%，目前已经能用锆基大块金属玻璃合金做高级的高尔夫球棒的击球头，其击球头的高刚性使高尔夫球被打得更远，但价格极高。大块金属玻璃材料还有一个极重要的应用潜力，就是作为纳米材料的重要制备的过程材料，即先制备大块金属玻璃材料，再通过控制结晶得到大块纳米材料。另外，在国防、化工、能源、机械等行业其都有应用潜力，美国国防部已宣布要为军事系统研究非晶态金属，特别对以铁、铝、钛、镁和难熔金属构成的合金兴趣更浓，因而非晶态合金作为一类不同于传统金属材料的新金属材料获得了重视和大力发展。

4.5.3　纳米晶粒尺度的金属材料

20 世纪 80 年代开始成功地做出纯物质纳米粉，后来又得到纳米铁块体，纳米材料和纳米技术的研究形势如火如荼，形成了以纳米材料学、纳米机械学、纳米电子学、纳米化学和纳米物理化学、纳米生物学等学科组成的一个崭新的科学技术时代。纳米材料制备和应用研究中所产生的纳米技术很可能成为 21 世纪的主导技术，并成为下一次工业革命的核心。21 世纪后，将有很多材料开始向纳米化发展，纳米颗粒开始进入各种材料，目前发展最快的是在微电子信息领域的应用，特别是纳米碳管及纳米结构组装体系等相关技术。纳米材料和纳米技术在生物工程、医学领域、化工、陶瓷、纳米功能涂层等领域的应用研究备受重视。

现有金属材料的组成晶粒或颗粒，其尺寸都在微米（1 微米（μm）$= 1 \times 10^{-6}$ 米（m））量级，而纳米金属材料由纳米（1 纳米（nm）$= 1 \times 10^{-9}$ 米（m））尺度的晶粒或颗粒组成。纳米晶粒结构产生的表面效应、体积效应和量子尺寸效应，使得材料的力学、物理和化学性能发生全面变化。比如，纳米铜具有极高的强度和室温超塑性。以前给人极脆印象的陶瓷，纳米化后有很高的韧性，可以用来加工制造发动机零件。金的熔点通常是 1063℃，而晶粒尺度为 3 nm 的金微粒，其熔点仅为普通金的一半。纳米级的金属，其电阻率大增，会显示非金属特征，常规的铁磁性材料会转变为顺磁性，甚至处于超顺磁状态。各种块状金属有不同颜色，但当其细化到纳米级的颗粒时，光吸收效果显著增强，所有金属都呈现出黑色，红外吸收谱带展宽，吸收谱中的精细结构消失。

由此可见，纳米材料从根本上改变了各种常规材料的结构和特性，有望发展出全新的纳米晶粒金属和合金。要发展大体积、大产量、界面清洁致密的具有均匀纳米晶粒的金属和合金，重要的是解决制备技术。目前在制备大面积定向纳米碳管阵列和超长纳米碳管、金刚石粉等方面取得了重大成果，在纳米涂层及纳米粉末的应用方面取得了初步的结果。

4.6　金属材料运用案例

1.“月亮到底有多高”钢丝网椅（见彩图 4-29）

“月亮到底有多高”钢丝网椅是由日本设计师仓俣史朗（Shiro Kuramata）在1986年设计的。设计者通过采用能引起人们好奇心的网状材料并加以对部件的巧妙使用，在一个闪着光的幻想诗境中，向人们传达了精致的空间感和轻盈感。该椅子由九个部分的镀镍钢丝网焊接而成，各部分的边缘相交焊接点同时覆盖环氧树脂,底部四边采用钢条加固,以支撑椅子的框架。

2. 弹性钢椅(见彩图 4-30)

弹性钢椅由设计师罗恩·阿诺德(Ron Arad)设计。其造型简单明快,由四部分组成,采用的是 1 mm 厚的优质钢材。钢材经过回火处理,具有良好的韧性、弹性,给人一种强烈的坚韧、精致、现代的视觉质感。椅子各部分是由计算机控制的激光切割机切割而成,各部分弯折后由螺钉连接,不需要焊接和黏结。为了使得椅子表面在搬运和使用中不留划痕,其表面覆盖有一层有机物保护膜。

3. 功能瓶(见彩图 4-31)

功能瓶是瑞士 SIGG AG 公司的产品。瑞士 SIGG AG 公司是休闲及厨房铝制品行业的先驱之一,在德语国家中享有 70% 知名度,其耐用的铝质饮料瓶产品已经成为不着设计痕迹的典范作品。针对铝这种有延展性的金属,设计师采用冷冲压加工工艺成型。在瓶的内壁喷涂一层搪瓷,既保证了饮料的安全存储,又防止了饮料中的酸对瓶身的腐蚀。瓶身进行了独具个性的磨砂效果涂层,使得功能瓶精制且高档。

4. "SPOON"书封面(见彩图 4-32)

"SPOON"书封面是由马克·戴伯设计师设计的。其使用的是一种新型涂层薄片钢 promica pristine,钢表面的塑料涂层使其可进行压花以及切削加工,另外,塑料表面还让封面具有防污功能。由科罗斯公司生产的薄片钢,质轻且具有延展性,同时具备了审美性和功能性,非常适合做书籍的封面。

5. 吉尔诺水龙头(见彩图 4-33)

吉尔诺水龙头由设计师马西莫·伊奥萨·吉尼设计。其优雅的造型、兼具表面装饰性和功能性的镀铬层,将水龙头精致、细腻、如镜面一般的视觉效果展露无遗,其水流姿态倒映于水龙头表面,妙趣横生,曼妙多姿。该设计是将造型和材料表面效果完美结合的典范。

6. "ZEN"灯具(见彩图 4-34)

"ZEN"灯具由西班牙设计师塞尔希·德维萨·伊·巴杰特设计。这款灯具由两个对称灯体组成,灯体采用锌基合金材料铸造成型,然后采用圆销和销孔结合成一体,金属表面经抛光处理,大大加强了灯具的艺术性。金属的坚毅理性和灯光的温暖感性融合在一起,呈现出一种神秘的效果。

第5章 塑料及其加工工艺

20世纪初期，人类历史上第一个合成树脂——酚醛树脂在美国诞生，并实现了工业化生产，从此拉开了塑料工业的发展序幕。塑料原料广泛，品种繁多，价格低廉，性能优越，加工成型方便，具有装饰性和现代感，在仪器、仪表、家电、医疗器械、交通运输、农业、轻工乃至生活各个方面都得到广泛的应用，如图5-1所示。图5-2所示是著名的潘顿椅，它采用了塑料的一次成型工艺，其优美的曲线造型和工艺是其他材料所不及的。近年来，塑料工业发展迅猛，作为设计人员必须全面掌握塑料的基本性能和加工特性，以便在设计中合理有效地加以利用。

图5-1　塑料制品　　　　　　　　　　图5-2　潘顿椅

5.1　常用的塑料材料

塑料是高分子化合物的一种。高分子化合物是由简单低分子化合物聚合生成的分子量特别大的有机化合物总称，也称为聚合物或高聚物。自然界存在的高分子化合物有天然橡胶、纤维、淀粉等，而聚氯乙烯、酚醛树脂、锦纶、涤纶、腈纶属于人工合成的高分子化合物。高分子化合物虽然分子量大，结构复杂，但其化学组成一般较简单，是由一种或几种简单低分子化合物重复连接而成的。

5.1.1　塑料的组成及分类

1. 塑料的组成

塑料是以天然或合成树脂为主要成分，加入填料、增塑剂、润滑剂、着色剂、固化剂、稳定剂等添加剂，在一定温度和压力下塑制成型，且成型后在常温或一定温度范围内能保证其形状不变的材料。塑料一般分为简单组分和多组分两类。其中，简单组分的塑料由一种树脂组成，有的加入少量的着色剂、润滑剂等；多组分塑料由多种组分组成，除树脂外，还加入了各种其他添加剂。下面简单介绍各组分在塑料中所起的作用。

1）合成树脂

合成树脂是用从石油、天然气、煤或农副产品中提炼出来的低分子有机化合物作为原料，经过化学合成而制造出的与天然树脂性能相似的树脂状产物。合成树脂在塑料中起黏结作用（也叫黏料），使塑料具有成型性能。合成树脂是塑料的主要成分，约占塑料的40%～100%。虽然添加剂能改变塑料的性能，但树脂的种类、性质以及在塑料组分中的比例，对于塑料的性能仍起着决定性作用。

2）添加剂

添加剂是添加在合成树脂中用以改善或调节塑料性能的辅助剂。相同树脂的塑料，所含添加剂品种和数量不同，性能差别也会很大，这也正是塑料的品种、品级多样化的原因。

（1）填充剂。填充剂的作用是提高塑料的力学性能、热学性能、电学性能和降低成本。常用的填料种类很多，如棉布、纸、木片、木粉等有机填料，玻璃纤维、云母粉、石墨粉、滑石粉等无机填料。

（2）增强剂。增强剂的作用是提高塑料的可塑性与柔软性。常用的增强剂是具有低蒸汽气压的、低分子量的固体或液体有机物，与树脂混合相溶性好，不发生化学反应，挥发性小，对光、热较稳定，无毒、无味、无色。

（3）润滑剂。润滑剂的作用是使塑料在加工成型时易于脱模，保证制品表面光亮。常用的润滑剂有硬脂酸及其盐类，如硬脂酸钙等。

（4）着色剂。着色剂的作用是使塑料制品具有各种色泽以满足使用要求。着色剂一般分为有机颜料和无机颜料，通常要求着色剂色泽亮丽、性质稳定、不易变色、着色力强、耐温耐光。

（5）固化剂。固化剂的作用是与树脂发生化学反应，在聚合物中形成不溶不熔的三维交联网结构，使树脂在成型时，由线型转变为体型结构，形成坚硬的塑料制品。固化剂的品种很多，一般根据塑料的品种和加工条件选择合适的固化剂及其用量。

（6）稳定剂。稳定剂的作用是防止塑料在光、热或其他条件下过早老化。稳定剂应具有耐水、耐油、耐化学药品的特性，且与树脂相溶，成型时不分解。包装食品的塑料制品还应选用无毒、无味的稳定剂。常用的稳定剂有酚类和胺类有机物的抗氧剂，炭黑等紫外线吸收剂，还有硬脂酸盐、铅白、环氧化物等稳定剂。

除此之外还有抗静电剂、发泡剂、溶剂和稀释剂等添加剂。通常根据使用要求，添加适量组分。

2. 塑料的分类

塑料的分类方法很多，通常有如下的分类方法，其中前两种最常用。

1）按其热性能分类

塑料按热性能分为热塑性塑料和热固性塑料。

（1）热塑性塑料：其高分子具有线型和支链型结构，加热时能软化流动或熔化，冷却时凝固变硬，且这一过程可重复，但加热温度不得超过该塑料的分解温度。聚烯烃类、聚乙烯基类、聚苯乙烯类、聚酰胺类、聚丙烯酸酯类、聚甲醛、聚碳酸酯、聚砜、聚苯醚等都属于热塑性塑料。

（2）热固性塑料：其高分子在加工后形成体型结构，再加热也不软化或熔化，温度太高时塑料发生焦化分解，因此不能回收进行重复加工。如酚醛树脂、脲醛树脂、三聚氰胺、环氧树脂、不饱和聚酯、有机硅等都属于热固性塑料。

2）按其应用分类

塑料按应用可分为通用塑料、工程塑料和功能塑料。但应注意这种分类并不十分严格，随着通用塑料的工程化（也叫优质化）技术的进步，通用改性或合金化的通用塑料，已可以在某些领域替代工程塑料。

（1）通用塑料：产量大、应用范围广、价格低但力学性能一般的一类塑料，包括聚乙烯、聚氯乙烯、聚丙烯、聚苯乙烯、氨基塑料和酚醛塑料六大品种，这类塑料占塑料总量的 3/4 以上。

（2）工程塑料：具有较高强度、刚度和韧性，能耐高温、耐辐射、耐腐蚀，能在工程结构中应用的一类塑料。这类塑料产量虽然不大，但应用范围广，是很多工业部门应用的重要原料。随着科技的发展，工程塑料的需求量迅速增长，进而也推进了工程塑料的工业化进程。

（3）功能塑料：具有特殊功能，满足特殊使用要求的一类塑料，如医用塑料、导电塑料等。

3）按树脂合成的反应类型分类

塑料按树脂合成的反应类型分为聚合类塑料和缩聚类塑料。聚合类塑料的树脂由单体在催化剂作用下通过聚合反应形成；缩聚类塑料由单体通过缩聚反应形成，在此过程中有低分子副产物生成。

4）按树脂大分子的状态分类

塑料按树脂大分子的状态分为无定型塑料和结晶型塑料。无定型塑料的树脂大分子链排列是无序的，且同一分子链也像长线团那样无序地混乱堆砌；结晶型塑料的树脂大分子链排列是有序的，相互有规律地折叠，整齐地紧密堆砌。

5）按照耐热的等级分类

塑料按照耐热的等级，常把使用温度范围在 100～150℃作为一个等级，如聚碳酸酯、聚苯醚、聚酰胺、聚甲醛、聚丙烯、ABS 树脂的玻璃纤维增强材料等；使用温度范围在200℃以上，经 1000 小时仍具有足够强度的塑料称之为耐高温工程塑料，如聚酰亚胺、聚四氟乙烯树脂、玻璃纤维增强尼龙 66 等。

5.1.2 工程上常用的塑料材料

1. 聚乙烯(PE)

聚乙烯属于热塑性塑料，易于加工成型。聚乙烯按照聚合时采用的压力大小不同分为四个品种，包括低密度聚乙烯(LDPE)、高密度聚乙烯(HDPE)、线型低密度聚乙烯(LLDPE)、超高分子量聚乙烯(UHMWPE)。聚乙烯产量自 20 世纪 60 年代以来一直占据塑料产量首位。其主要性能有：

（1）为乳白色蜡状透明材料，比水轻，易燃，无味，无毒。

（2）机械强度不高，但抗冲击性能好，是一种典型的软而柔韧的聚合物材料。

（3）耐热性不好，热变形温度在塑料材料中很低，但耐低温性好(-70℃)。

（4）良好的化学稳定性，在常温下不与各种酸及碱发生反应。

（5）十分优异的电绝缘性，能做高压绝缘材料。

低密度聚乙烯常常用于玩具、家具、家用电器和高透明塑料薄膜、塑料瓶等的制作；高密度聚乙烯常应用于制造农药喷雾器的气室、摩托车的链条护罩板、汽车油箱等；聚乙烯还可以作为化工设备与贮槽的耐腐蚀涂层衬里，以替代铜和不锈钢；聚乙烯还可以做电缆绝缘套层、电线护套层。

2. 聚氯乙烯（PVC）

聚氯乙烯是氯乙烯单体在氧化物、偶氮化合物等引发剂的作用下，或者在光、热作用下聚合而成的聚合物，属于热塑性塑料。聚氯乙烯是最早工业化生产的塑料品种之一，目前产量仅次于聚乙烯，位居第二，其密度、强度、刚度、硬度均高于聚乙烯。按加入增塑剂用量，聚氯乙烯可分为硬质聚氯乙烯和软质聚氯乙烯。其主要性能如下：

（1）软质聚氯乙烯坚韧柔软，具有弹性体性质；硬质聚氯乙烯强度、刚度、硬度较高，韧性较差，冲击强度很低。聚氯乙烯是脆性材料，冲击强度极其依赖于温度，低温下韧性差。

（2）能耐大多数酸（除浓硫酸、浓盐酸）、碱、许多有机溶剂和无机盐溶液，适合制作防腐材料。

（3）热稳定性差，对光敏感，耐热性能不高。

（4）电性能比较好，但一般仅适合用于制作低频绝缘材料。

（5）聚氯乙烯的熔融温度比分解温度高，所以加工过程中必须加入稳定剂以防止其在加工时分解；聚氯乙烯易着色。

需要注意的是，单体聚氯乙烯含有毒物质，这些物质遇水、酸、碱、酒精、油脂等便会熔出，从而污染食品，在产品设计中要充分注意。

聚氯乙烯的应用范围极为广泛，从建筑到日常生活领域，均有其应用：

（1）建筑领域：建筑领域是聚氯乙烯最主要的应用领域，用其可制成各种管材、板材，还可制作窗户、楼梯扶手、窗帘、壁纸、百叶窗等。

（2）电子电器领域：制作家电外壳；用做电器绝缘材料和电缆线的绝缘层，目前几乎完全代替了橡胶，但由于聚氯乙烯不耐高温，故一般只适于作为室内电灯线、广播线和电缆的衬套，不宜用于电烙铁、电熨斗和电炉子等产生高温的电器用具。

（3）日用品领域：可制作颜色多样、质地柔软、富有弹性、具有皮革光泽的人造革。可广泛用作防雨布和用于制作旅行包、皮箱、皮衣、手套，办公用品、家具等日常生活用品，可用于制作车辆、飞机、船舶的内装饰及其座椅，还可做中空包装盒薄膜。

3. 聚丙烯（PP）

聚丙烯是以丙烯为单体，经过多重工艺方法聚合制得的高聚物，通常为白色、易燃的蜡状物，属于热塑性塑料。其主要性能如下：

（1）无毒、无味，质轻，化学稳定性和电绝缘性好。

（2）目前已成为发展速度最快的塑料品种之一，其产量仅次于聚氯乙烯，居第三。

（3）相对密度小，是塑料中除4-甲基-1-戊烯之最轻的材料，价格在树脂中最低，光泽性和着色性好。

（4）机械强度高，耐化学腐蚀性能良好，具有优异的电绝缘性；其加工性能好，可采用多种工艺加工成型。其缺点是耐候性差、易老化。

由于其具有表面光洁、透明等优点，聚丙烯在多个领域都有广泛的应用：

（1）在包装领域有聚丙烯薄膜、编织袋和注塑吹塑制品，广泛应用于食品、烟草、纺织品等日常用品的包装，用聚丙烯包装的产品透明性、力学性能和混气阻隔性良好。

（2）在汽车领域用于制造汽车的内、外零部件，如方向盘、座椅靠背、行李架、窗框和灯罩等。

（3）在电子电器方面常用于制作家电外壳、电器设备零件。

（4）在建筑领域用于制作模板、引水管、暖气管等。

聚丙烯还可用于制作塑料家具、玩具、餐具、灯具，以及用于制作新兴的纺织品聚丙烯无纺布。该无纺布可以应用于室内装饰品、理疗用品，也可以制成衣服、毯子、蚊帐、运动用品、滤布、防水布等。

与其他塑料相比，聚丙烯塑料具有优良的耐弯曲疲劳性能，反复弯折几十万次不断裂，因此常被用于制作文具、洗发水瓶盖的整体弹性铰链，避免了较为烦琐的结构和加工工艺。彩图 5-3 所示为聚丙烯灯具，这些灯具造型独特。选用聚丙烯作为灯具材料是由于其电绝缘性好、不易燃烧、可洗、不易碎、可热焊接、可缝合，且加工成本极其便宜，符合灯具功能与外观上的要求。另外聚丙烯板提供了多种颜色和印刷工艺，从而使这种材料为日常用品的生产提供了无尽的可能性。

4. 聚苯乙烯（PS）

聚苯乙烯塑料质轻，密度为 $1.04 \sim 1.09$ g/cm³，其表面硬度高且有光泽，无味、无毒，但脆性大，无延展性，易出现应力开裂现象；化学稳定性好，可耐各种碱、一般的酸、盐、矿物油等，不耐氧化酸；具有良好的介电性能和绝缘性，易产生静电，热导率小，受温度影响不显著，可做良好的绝缘保温材料；耐候性不好，长期暴露在日光下会变色变脆；耐氧化性也差，可通过改性处理改善和提高性能，如高抗聚苯乙烯（HIPS）、ABS、AS 等。

聚苯乙烯是通用塑料中最容易加工的品种之一，经注射、挤出、吹塑等方法加工成型，可以在很低的温度范围内加工成型，且易着色。聚苯乙烯成本较低，是应用极广泛的热塑性塑料之一；聚苯乙烯发泡后可做填充物，聚苯乙烯的主要用途之一是制作泡沫制品，聚苯乙烯泡沫是目前广泛应用的绝热和减震材料；聚苯乙烯透明性好，可用于制作光学仪器以及透明模型，经常用于制作仪表、电器外壳、汽车灯罩、仪器灯罩、电信零件等。如图 5-4 所示为聚苯乙烯制品。

图5-4　聚苯乙烯制品

5. ABS 塑料

ABS 塑料是由丙烯腈（AN）、丁二烯（BD）、苯乙烯（St）单体共聚而成的三元共聚物，具有三种组分的共同性能（即坚韧、质硬、刚性），属于热塑性塑料。其主要性能如下：

（1）ABS 塑料无毒无味、不透水、略透蒸汽、吸水率低，外观为浅象牙色，不透明，有很好的着色性和光泽度，能制成具有各种色彩和光泽效果的产品。

（2）ABS 塑料力学性能优良，有很好的强度、抗蠕变性和耐磨性，耐化学性较好，水、无机盐、碱和酸类、油脂对它都没有影响，有良好的电气绝缘性，能在很大的范围内保持稳定。

（3）耐候性较差，易于表面印刷、涂装，有很好的电镀性，是极好的非金属电镀材料。

ABS 塑料综合性能优异，因而应用广泛、发展迅速，近年来性能提高很快，趋向"工程化"，可用来制造齿轮、轴承、把手、管道、机器外壳等。如图 5-5 所示为 ABS 塑料制品。

6. 酚醛树脂（PF）

酚醛树脂是最古老的一种塑料，至今仍被广泛使用。酚醛树脂由酚类化合物与醛类化合物缩聚而成，其中以苯酚与甲醛缩聚而成得到的聚合物最为重要和最常使用。由酚醛树脂加入填料、固化剂、润滑剂等添加剂，分散混合成压塑粉，经热压加工而得到酚醛塑料，俗称电木。

酚醛树脂强度高，刚性大，坚硬耐磨，制品尺寸稳定；易成型，成型时收缩小，不易出现裂纹；电绝缘性、耐热性以及耐化学药品性好，而且成本低廉。酚醛树脂是电器工业不可缺少的材料，可用于制作插座、开关、灯头及电话部件等，如图5-6所示。酚醛树脂兼有耐热、耐磨、耐蚀的优良性能，广泛应用于机械、汽车、航空、电器等领域，其制作的产品还具有高贵雅致的效果。

图5-5　ABS塑料制品　　　　　　　　　　图5-6　酚醛树脂制品

7. 环氧树脂（ER）

环氧树脂是含有两个或两个以上的环氧基，在适当试剂的作用下能够交联成网络结构的一类聚合物，属于热固性塑料。

环氧树脂具有多样化的形式，其状态范围可以从极具黏度的液体到高熔点固体。环氧树脂是很好的胶黏剂，俗称"万能胶"，在室温下容易调和固化，对金属、塑料、玻璃、陶瓷等都具有良好的黏附能力。固化的环氧树脂具有较高的机械强度和韧性，具有优良的耐酸、碱以及有机溶剂的性能，还能耐大多数霉菌、耐热、耐寒，能在苛刻的热条件下使用，具有突出的尺寸稳定性；环氧树脂在宽的频率和温度范围内具有良好的电绝缘性能。

环氧树脂涂料可用于汽车车身底漆、家用电器涂装、钢制家具涂装等；环氧树脂胶黏剂可用于汽车车身的黏结、运动器材如滑雪板、弓箭等的黏结、电子元器件的黏结、混凝土修补、胶合板黏结等；环氧树脂成型材料可用于制作电子器件的绝缘结构件、塑料模具、精密量具、电子仪器的抗震护封整体结构和增强环氧层压制品，也可成型制作家具、日用品等（见图5-7）；用环氧树脂浸渍纤维后，在150℃和130~140 Pa的压力下成型，可制成环氧"玻璃钢"。

图5-7　环氧树脂制品

8. 氨基树脂（AF）

氨基树脂是含有氨基或酰胺基的化合物与醛类化合物缩聚的产物，主要包括脲甲醛树脂（尿素甲醛树脂，UF）和三聚氰胺甲醛树脂（密胺甲醛树脂，MF），属热固性塑料。

氨基树脂主要用于制作模塑料、层压塑料、泡沫塑料等。脲甲醛模塑料主要用于色泽鲜艳的日用品、装饰品以及电器零件等；三聚氰胺主要用作黏合剂、清漆、涂料等，三聚氰胺甲醛模塑料表面坚硬、发光且无孔，可作陶瓷材料的替代物，广泛应用于制造五颜六色、明亮的产品（见图5-8）。

图5-8　氨基树脂制品图

9. 聚氨酯（PU）

聚氨酯是指分子结构中含有许多重复的氨基甲酸基团的一类聚合物。聚氨酯根据不同的组成，可制成线型分子的热塑性聚氨酯和体型分子的热固性聚氨酯。

线型分子的热塑性聚氨酯主要用于制造各种软质、半硬质、硬质泡沫塑料，它是聚氨酯的主要产品，是一种缓冲材料。其中软质泡沫塑料即为通常所说的海绵，韧性好、回弹快、吸声性好，用于包装材料、吸音材料、玩具、衣料、空气过滤器、车辆及家具的底座等；半硬质泡沫塑料由于具有可刨、可锯、可钉的特点，还被称为聚氨酯合成木材。

聚氨酯弹性体是一类新兴的高分子材料，性能介于塑料和橡胶之间，既有橡胶的高弹性，又有塑料的热塑性加工性。聚氨酯弹性体的耐撕裂强度要优于一般橡胶，耐油、耐磨、耐化学腐蚀，黏结性好，吸震能力强，能制成具有各种色彩的制品。聚氨酯弹性体减震效果非常好，可以应用在汽车保险杠、飞机起落架方面，也大量用于棒球、高尔夫球、足球、滑雪运动鞋的鞋底材料。目前聚氨酯也开始被用于制作装饰地板，其特点是耐磨耗，色泽好。如图 5-9 所示为用聚氨酯弹性体制作的制品。

图5-9　鞋与地板（聚氨酯）

10. 有机玻璃（PMMA）

有机玻璃即聚甲基丙烯酸甲酯，它是以丙烯酸及其酯类聚合而成得到的聚合物，因其透光性好，可和普通硅酸盐无机玻璃比拟，故俗称为有机玻璃。

有机玻璃重量轻，为刚性无色透明材料，具有很高的透光性，可透过90%的太阳光，但价格较高；有机玻璃力学性能较好，但是质较脆、易开裂、表面硬度低、易擦毛和划伤；耐热性一般，长期使用温度为 60～80℃；易燃，电绝缘性好，可做高频绝缘材料；耐候性很好，可以长期在户外使用。

有机玻璃可用来制作具有透明度和一定强度的零件，如光学镜片、窥镜、设备标牌、透明管道等，还用来制造飞机、座舱、仪表玻璃、防弹玻璃的中间夹层材料和透光绝缘配件；在日用品领域可用来制造各种文具和生活用品、透明餐具等。如彩图 5-10 所示为有机玻璃制造的"看不见的桌子"，整个桌子，包括桌面和桌子承重支撑部分的材料全部采用了透明的有机玻璃，既突出了有机玻璃出色的透光性，又利用了它良好的力学性能，但缺点是桌子表面易被划伤。

11. 聚酰胺塑料（PA）

聚酰胺通常称为尼龙，是最早发现的能承受载荷的热塑性工程塑料。聚酰胺是在聚合物大分子链中含有重复结构单元酰胺基团的聚合物的总称。

聚酰胺通常为白色至浅黄色透明固体，易着色，具有优良的机械强度、抗拉性、抗冲击性；其耐溶剂性、电绝缘性良好，耐磨性和润滑性优异；其最大的特点是摩擦系数小，是一种优良的自润滑材料；但吸湿性较大，影响性能和尺寸稳定。聚酰胺的尼龙制品坚硬，表面有光泽，具有优良的力学性能和良好的化学稳定性，在机械领域中广泛用来替代铜以及其他有色金属制作零件，在汽车工业、交通运输业、日用品等领域也越来越广泛地使用聚酰胺塑料。常见的尼龙制品有尼龙6、尼龙66、尼龙610、尼龙1010等。

聚酰胺塑料加工性能好，可采用注射、挤出、浇铸、模压等方法成型，多用于制作各种机械和电器零件，如轴承、滚轮、叶片、密封圈、电缆接头等，还用于制作各种包装用薄膜、管材、软管、可撕搭扣等制品，也可以被加工成纤维，制作假发，制作称为锦纶的丝织品。如图5-11所示为聚酰胺尼龙可撕搭扣和塑料轴承。

12. 聚碳酸酯（PC）

聚碳酸酯是一种用途广泛的热塑性工程塑料。聚碳酸酯塑料透明率高，表面光泽好，具有优良的机械性能，其中抗冲击性和抗蠕变性尤为突出，耐热性、耐寒性和耐候性好，使用温度范围广，电性能良好，具有自熄性和高透光性，易于成型加工，是综合性能优良的工程塑料。PC的缺点是耐疲劳性能较差，容易生脆导致破裂；在加热及成型变形的作用下，会发生应力开裂；耐碱性差，在高温下易引起分解。

聚碳酸酯可分为脂肪族、脂环族、芳香族等几个类型的聚碳酸酯，目前最具工业价值的是芳香族聚碳酸酯，它透明、呈轻微淡黄色，无毒无味，具有良好的力学性能，常被人们誉为"透明金属"。聚碳酸酯常常代替玻璃来制作车灯，还可用于制作耐高击穿电压和高绝缘性零件，用于制作飞机的座舱罩和挡风玻璃，可制作包装材料、各种开关、电器、电视机面板、摄像器材镜头、眼镜片、灯具外壳，也可用于制作薄膜、建筑采光板等。如图5-12所示为聚碳酸酯制品。

图5-11　搭扣和塑料轴承（聚酰胺尼龙）　　　图5-12　手机壳和阳光板（聚碳酸酯）

13. 聚甲醛（POM）

聚甲醛由甲醛聚合而得，可分为均聚和共聚，是一种高洁净、高密度的工程塑料。聚甲醛塑料呈乳白色或淡黄色，着色性好，其耐疲劳性在热塑性塑料中最好。其具有优异的力学性能，摩擦系数小，耐磨性好，耐蠕变性、耐化学腐蚀性和电绝缘性良好，但热稳定性差，在高温下易被分解。多采用注射、挤出、吹塑及二次加工等方法制成各种POM制品。

聚甲醛具有优异的综合性能，为第三大通用工程塑料，在汽车、机床、精密仪表工业、化工、电子、纺织、农机等领域均获得广泛应用。

14. 聚苯醚塑料（PPO）

聚苯醚是一种线型的非结晶聚合物，综合性能优良，具有较高的耐热性，热变形温度可达190℃。聚苯醚具有很高的拉伸强度和抗冲击性能，刚度和硬度都比较大，但加工性能差、制品易开裂。

目前工业上使用的主要是改性聚苯醚，它保留了聚苯醚的大部分优点，主要用于制作耐高温的电器绝缘材料、机械零件（齿轮、轴承）、热水管道及零件、医疗手术器械等。

15. 热塑性聚酯塑料

热塑性聚酯是由饱和二元酸和饱和二元醇缩聚得到的线型高聚物。热塑性聚酯品种很多，但目前最常使用的有两种，即聚对苯二甲酸乙二醇脂（PET）、聚对苯二甲酸丁二醇酯（PBT）。

聚对苯二甲酸乙二醇脂（PET）为无色透明或乳白色半透明固体，具有较强的拉伸强度和一定的柔顺性，同时具有良好的耐磨性、耐蠕变性，并可以在较宽的温度范围内保持良好的力学性能。PET还具有优良的电绝缘性和耐候性，在室外暴露6年，其力学性能仍可保持初始值的80%。其主要用来制作薄膜、感光膜和电器元件、食品、药品等的包装。如图5-13所示为PET透明胶带和PET塑料啤酒瓶。

聚对苯二甲酸丁二醇酯（PBT）为乳白色结晶固体，无味、无毒，制品表面有光泽，具有优良的电绝缘性，主要用来制作汽车零件、门把手、保险杠、后视镜外壳、插座、插头、保险盒、室内灯具外壳、电吹风组件等。

图5-13　PET塑料制品

16. 聚四氟乙烯（PTFE）

聚四氟乙烯是氟塑料中最重要的一种。氟塑料是分子中含有氟原子的一类高分子合成材料的总称，聚四氟乙烯的分子链的规整性和对称性极好，是一种结晶聚合物。其主要性能如下：

（1）自润滑性极好，可作为良好的减摩、自润滑材料，但在常温下的力学强度、刚性和硬度均比其他塑料差，在外力作用下容易发生"冷流"现象；

（2）化学稳定性优越，无论是强酸强碱还是强氧化物对它都不起作用。其化学稳定性超过了玻璃、陶瓷、不锈钢以及金、铂，在塑料中居首位，有"塑料王"之称；

（3）耐温性能突出，长期使用温度为 -195 ～ 250℃；

（4）电性能优良，介电损耗小，但耐电晕性不好，不能用作高压绝缘材料；

（5）耐候性能优良，通常耐候性可达10年以上。

聚四氟乙烯熔融黏度极高，因此不能采用热塑性塑料熔融加工方法，只能采用类似于粉末冶金的加工方法，即冷压成坯后再进行烧结，它几乎和所有的材料都无法黏附。

聚四氟乙烯主要用于制造有特殊性能要求的零件，用作密封材料、滑动材料，绝缘材料、医用材料以及防腐材料等，如化工设备中的耐蚀泵、蒸馏塔等，还可以制作各种不粘锅、食品加工机器等（见图5-14）。

图5-14　不粘锅（聚四氟乙烯）

17. 聚砜（PSF）

双酚 A 型聚砜简称聚砜。聚砜塑料具有突出的耐热性和热稳定性，可在150℃下长期使用，具有自熄性；硬度高，抗蠕变性仅次于聚碳酸酯塑料，耐磨性及电绝缘性良好，具有电镀性；化学性质稳定，耐酸、碱及脂肪烃溶剂；吸水性小，尺寸稳定性好，但耐紫外线性能较差。

聚砜主要用来制造高强度、高尺寸稳定性、低蠕变、耐蒸煮的制品，在电子、仪表、机械制造等许多工业部门也得到广泛应用，常用于制作耐热、耐腐蚀、高强度的透明或不透明的零件、电绝缘制品以及管材、板材、型材、薄膜等。

18. 有机硅塑料（SI）

有机硅塑料由有机硅树脂与添加剂配置而成，是一种介于无机玻璃与有机化合物之间的性能特殊的高分子材料。硅树脂是一种新型的且不易损坏的材料，富弹性且抗刮，色彩鲜明，易清理，有着柔软的质感，敲击或掉落时不会损坏，具有优良的机械性能、低应变性、持久性、耐高温性以及耐候性和化学稳定性，被广泛用作耐高低温绝缘漆、耐热涂层、胶黏剂、有机硅泡沫制品等，如图 5-15 所示为硅树脂灯。

图5-15　硅树脂灯

有机硅塑料具有优异的耐热性、耐寒性、耐水性、耐化学药品性和电绝缘性，是机械强度较低但耐候性非常突出的一种工程塑料，主要用来制作层压板、耐热垫片、薄膜、电绝缘零件等。

19. 不饱和聚酯塑料（UP）

不饱和聚酯塑料是由分子链上含有不饱和乙烯基双键结构(-CH=CH-)的不饱和聚酯树脂制成。

不饱和聚酯塑料机械强度高，具有优异的耐冲击强度，电绝缘性和耐化学腐蚀性好，有良好的耐热、隔热、隔音特性。不饱和聚酯塑料制品主要为模压塑料、浇注塑料和增强塑料，其中不饱和聚酯玻璃纤维增强塑料有很好的抗张强度和耐冲击性；它密度小，只有钢的1/4，而机械强度可达到钢的1/2，使用中不易变形，可用来制造飞机部件、汽车外壳、透明瓦楞板、屋顶、天窗以及电器仪表外壳等。

20. 泡沫塑料

泡沫塑料又称微孔塑料，是以树脂为基料，加入发泡剂等助剂制成的内部具有无数微小气孔的塑料。发泡采用机械法、物理法、化学法进行，其成型采用注射、挤出、模压、浇铸等方法。泡沫塑料具有质轻（密度一般为 0.01 ～ 0.5 g/cm³）、隔热、隔音、防震、耐潮等特点。按内部气孔相连情况，可分为开孔型和闭孔型。前者气孔相互连通，无漂浮性；后者气孔相互隔离，有漂浮性。按机械性能，可分为硬质和软质两类。硬质泡沫塑料可用作隔热保温材料、隔音防震材料等；软制泡沫塑料可用于制作衬垫、坐垫、拖鞋、泡沫人造革等。下面介绍常用的泡沫塑料。

1）聚苯乙烯泡沫塑料（EPS）

聚苯乙烯泡沫塑料俗称保利龙，是一种质轻、低成本、可成型的闭孔型发泡塑料。它具有良好的抗冲击减震性、隔热性和电绝缘性，可用作隔热、隔声或防震包装材料。聚苯乙烯泡沫塑料对大多数有机溶剂的抗腐蚀性较弱，但对酸性、碱性及脂肪类的化合物具有较好的抗腐蚀性。

聚苯乙烯泡沫塑料的表面具有特殊的质感特征，用其设计制作的产品具有意想不到的效果，如图5-16所示为新锐设计师 MAX Lamb 利用包装用的废弃聚苯乙烯发泡塑料制成的沙发，令看起来不起眼的材质变成舒适柔软的家具，在 Trash Luxe 展中颇受注目。

图5-16　聚苯乙烯泡沫塑料

2）聚氨酯泡沫塑料（EPU）

聚氨酯泡沫塑料被公认为具有高度隔热和绝缘性。聚氨酯泡沫塑料分为软质和硬质两大类。硬质聚氨酯泡沫塑料为闭孔型泡沫塑料（见图5-17），具有较高的机械强度和耐热性，多用作隔热保温、隔音、防震材料以及模型制品材料（见图5-18），用于汽车、建筑和家居产品中。采用反应注射成型的聚氨酯泡沫塑料，具有木材可刨、可锯、可钉的特点，称为聚氨酯合成木材，用作结构材料。彩图5-19所示为意大利设计师基阿尼·奥斯格纳克设计制作的波浪躺椅，躺椅采用整块聚氨酯泡沫塑料切割加工出基本外形，经手工修整后再经涂漆处理，以达到波浪的视觉效果。软质聚氨酯泡沫塑料俗称"海绵"，为开孔型，其回弹性好，抗冲击性强，可作缓冲材料、吸音防震材料及过滤材料等，主要用于软垫、床垫和日用品上。

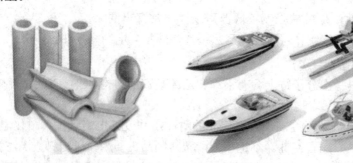

图5-17　硬质聚氨酯泡沫塑料　　　　图5-18　聚氨酯泡沫塑料模型

3）聚乙烯泡沫塑料（EPE）

聚乙烯泡沫塑料是一种低密度、半刚性、耐候性稳定的闭孔型泡沫塑料，与聚苯乙烯泡沫塑料相比更易于压缩。聚乙烯泡沫塑料与聚苯乙烯泡沫塑料成型过程极其相似，其发泡颗粒不含发泡剂，并能在室温下储藏较长时间。聚乙烯泡沫塑料可根据要求获得特定的厚度与密度，成型形状有板状、圆棒状、片状等。如图 5-20 所示为聚乙烯泡沫塑料制成的水果包装套。

4）聚丙烯泡沫塑料（EPP）

聚丙烯泡沫塑料为聚丙烯塑料颗粒的成型品，其颗粒具有热塑性，并为闭孔型构造。根据成型品的体密度、特性及其需求，用作特定的用途。其质轻、缓冲性佳、复原性好、尺寸稳定性高及化学抵抗性强，适用于汽车工业作为吸收缓冲的产品，如前后挡板的芯材、头枕、遮阳板及其他产品，也可应用于精密度较高的产品，如电子设备、个人电脑、医疗科技产品等产品包装，以及供运输使用的回收箱及包装垫板。如图 5-21 所示为聚丙烯泡沫塑料制品。

图5-20 水果包装套（聚乙烯泡沫塑料）　　　图5-21 聚丙烯泡沫塑料制品

5）乙烯聚合物泡沫塑料

乙烯聚合物泡沫塑料是以各约 50% 的聚乙烯与聚苯乙烯树脂相互混合后发泡而得到的泡沫塑料，其混合比例可依实际需要加以调整。由于乙烯聚合物泡沫塑料结合了聚乙烯与聚苯乙烯两种树脂的特性，因此在选择弹性材料方面具有更宽广的空间。乙烯聚合物泡沫塑料属于低密度、半刚性、闭孔型的泡沫塑料，其成型过程与所使用的设备和 EPS 相似。

乙烯聚合物泡沫塑料的性能介于聚乙烯泡沫塑料与聚苯乙烯泡沫塑料之间，但其韧度强于它们。乙烯聚合物泡沫塑料的抗拉与抗冲击性，比其他弹性泡沫材料强。由于乙烯聚合物泡沫塑料具有较聚苯乙烯泡沫塑料更优的复原性，因此具有良好的多次冲击性能，可应用于物料搬运箱，或包装上要求不磨损及对溶剂抵抗力有要求的场合。乙烯聚合物泡沫塑料具有较优的韧度，在压缩与弯曲时不会造成材料疲乏。

5.2 塑料材料的固有特性

塑料的品种、规格繁多，其性能主要取决于高分子化合物的组成、分子量、分子结构和物理状态等，下面介绍塑料材料的主要特性。

1. 塑料的机械性能

塑料质轻、比强度高，其密度约为钢的 1/6、铝的 1/2。塑料的强度低，一般抗拉强度只有几十兆帕，比金属低得多，但是塑料的比强度（按材料单位重量计算的强度）却很高。若按比强度来衡量塑料性能，塑料并不逊于金属，并且是现代工业中强度较高的造型材料，因此某些工程塑料能够代替部分金属材料用于制造多种机器零件。表 5-1 所示为典型金属与塑料的比强度。

表 5-1　典型金属与塑料的比强度

材料名称	比强度（×10³cm）	材料名称	比强度（×10³cm）
钛	2095	玻璃纤维增强环氧树脂	4627
高级合金钢	2018	石棉酚醛塑料	2032
高级铝合金	1581	尼龙66	640
低碳钢	527	增强尼龙	1340
铜	502	有机玻璃	415
铝	232	聚苯乙烯	394
铸铁	134	低密度聚乙烯	155

　　塑料在日常生活中适用于制造轻巧的日用品（见图 5-22）和家用电器零件。其质轻的特性对于要求全面减轻自身重量的车辆、船舶、飞机、火箭、导弹、人造卫星和其他尖端设备，更具有重要意义。

2. 塑料的物理性能

　　塑料在常温和一定温度范围内具有优异的电绝缘性、极小的介质损耗以及优良的耐电弧特性，因此广泛用于电器、电机、无线电等工业部门。有些塑料被用来制造电绝缘材料和电容器介质材料，如图 5-23 所示为"CA"螺丝刀，其手柄材料采用了乙酸酯纤维塑料。塑料摩擦系数小，具有优良的耐磨性、减摩性和自润滑性，许多塑料本身具有润滑性，可在完全无润滑的条件下工作，如聚四氟乙烯、尼龙等，是制造轴承、凸轮等耐磨零件的良好材料；塑料的硬度虽比金属低，但是塑料的耐磨性能却远远优于金属；塑料具有良好的消声性和吸震性，可作为隔音吸音材料，例如采用塑料齿轮可提高其运转稳定性，减少噪声，改善劳动环境；塑料具有一定的耐热性，一般热固性塑料的耐热温度高于热塑性塑料。塑料的导热性差，因此可用作绝热保温材料，但是塑料在高温下物理性能显著下降，有的塑料易燃易熔，在使用过程中受紫外线等的影响会产生老化、开裂等问题。

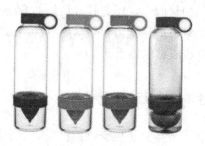

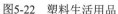

图5-22　塑料生活用品　　　　　　图5-23　螺丝刀手柄

3. 塑料的化学性能

　　大部分塑料对酸碱等化学药物均具有良好的抗蚀性，如聚四氟乙烯塑料能耐各种酸碱的侵蚀，甚至在煮沸的能溶解黄金的"王水"中也不会损害，由于这一特性，塑料具有对其他物质的防护性。此外，塑料还具有防水、防潮、防辐射、防震等多种防护性能，因此被广泛用来制造食品、化工、航天、原子能工业的包装材料和防护材料。但有些塑料不耐某些有机溶剂。

4. 塑料的光学性能

塑料的折射率较高,并且具有很好的光泽。不加填充剂的塑料大都可以制成透光性良好的制品,如有机玻璃、聚苯乙烯、聚碳酸酯等制成的产品都有晶莹透明的效果。目前这些塑料已广泛地被用来制造玻璃窗、罩壳、透明薄膜以及光导纤维材料。如图5-24所示是由马泰奥·巴其卡卢波和拉法埃拉·曼加罗迪设计的Dandelion灯,其设计灵感来源于蒲公英。它由许多晶莹透明的聚碳酸酯"小喇叭"组成,由于材料折光率好,可以使电量很低的二极管光源成倍扩散。

图5-24 Dandelion灯

5. 塑料的美学性质

塑料具有适当的弹性和柔度,给人以柔和、亲切、温暖的触觉质感;塑料表面光滑、纯净、美观,具有良好的视觉质感。通过加入其他成分原料,塑料可获得丰富的质感效果,如有机玻璃自身无色透明,表面光洁,具有水晶般的质感,若在有机玻璃中加入染料,就能制成鲜艳夺目的彩色有机玻璃,呈现出富丽堂皇、高雅的质感效果;若在有机玻璃中加入珠光粉和颜料就能制成珠光塑料,使其具有鲜艳的色彩和珍珠般的闪光效果。塑料还可以模拟不同材料的质感效果,如模拟天然大理石制成人造大理石,模拟自然皮纹制成人造皮革。

另外,由于塑料材料特有的分子结构,因而成型方便,赋予了造型设计师广阔的创作空间,使得产品的结构造型几乎不会受到限制,如吸尘器和电视机外壳、家具、儿童玩具等大多塑料制品,造型新颖别致,线型圆滑流畅。如图5-25所示为一次性成型的塑料椅子。

图5-25 一次性成型的塑料椅子

5.3 塑料材料的工艺特性

塑料的工艺特性是指将塑料原料转变为塑料制品的工艺特性,包括塑料的成型工艺和加工工艺特性。通常把注射成型、挤出成型、吹塑成型、压制成型等工艺称为塑料的成型工艺(一次加工),而将塑料的机械加工、热成型、连接、表面处理等称为塑料的加工工艺

（二次加工）。塑料的成型加工工艺根据加工时塑料所处的状态不同，可分为以下三种：

（1）塑料加热到黏流态，可以进行注塑成型、挤出成型、吹塑成型等加工。

（2）塑料处于高弹态时，可以采用热压、弯曲、真空成型等加工方法。

（3）塑料处于玻璃态时，可采用车、铣、钻、刨等机械加工方法和电镀、喷涂等表面处理方法。

塑料工艺方法的选择取决于塑料的类型（热塑性或热固性）、特性、起始状态及制成品的结构、尺寸和形状等。

5.3.1　塑料的成型工艺

塑料成型是将不同形态（粉状、粒状、溶液或分散体）的塑料原料按照不同工艺方法制成所需要的制品的工艺过程，是塑料制品生产的关键环节。塑料成型工艺主要包括注射成型、挤出成型、吹塑成型、压制成型等。

1. 注射成型

注射成型又称注塑成型，是热塑性塑料的主要成型方法之一，也适用于部分热固性塑料的成型。其原理是利用注射机中螺杆或柱塞的运动，将料筒内已加热塑化的黏流态塑料用较高的压力和速度注入预先合模的模腔内，冷却硬化后成为所需的制品。整个成型是一个循环的过程，每一个成型周期包括：定量加料—熔融塑化—施压注射—充模冷却—起模取件等步骤，如图 5-26（a）所示为注射成型原理示意图。在现代塑料的成型技术中，用注射成型法生产的制品，约占热塑性塑料制品的 20% ～ 30%。

注射机是注射成型的主要设备（见图 5-26（b））。按外形特征注射机可分为卧式注射机（见图 5-26（c））、立式注射机（见图 5-26（d））和角式注射机（见图 5-26（e））

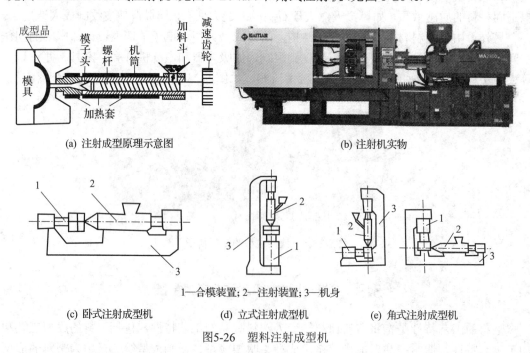

(a) 注射成型原理示意图　　　　　　　(b) 注射机实物

1—合模装置；2—注射装置；3—机身

(c) 卧式注射成型机　　　(d) 立式注射成型机　　　(e) 角式注射成型机

图5-26　塑料注射成型机

注射成型具有以下优点：

（1）可一次成型制作外形复杂、尺寸精确、带有金属或非金属嵌件的制品，可方便地利用一套模具批量化生产尺寸、形状、性能完全相同或不同的制品。彩图 5-27 为一次性注射成型的塑料成品。

（2）成型周期短（几秒到几分钟）。如水杯成型只需 1～2 秒，水桶成型只需 20 秒，即使一些大型产品的成型也只需 3～4 分钟。

（3）适应性强，生产性能好，质量稳定，可实现自动化或半自动化作业，生产效率和技术经济指标高，是所有成型方法中生产效率最高的成型方法。

注射成型的不足：模具价格昂贵，小批量生产经济性差。

目前注射成型的产品覆盖了消费、商务、通信、医用、体育等各个产品领域。

2. 挤出成型

挤出成型又称挤塑成型，主要适用于热塑性塑料成型，也适用于一部分流动性较好的热固性塑料和增强塑料的成型。其原理是利用挤出机机筒内螺杆的旋转运动，使熔融塑料在压力作用下连续通过挤出模的型孔或口模，待冷却定型硬化后得到各种断面形状的制品，其成型工艺原理的示意图如图 5-28 所示。一台挤出机（见图 5-29）只需更换螺杆和机头，就能加工不同品种和规格的塑料产品。

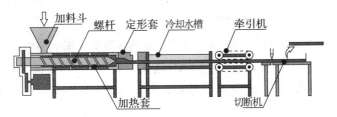

图5-28 挤出成型的工艺原理示意图

图5-29 挤出机

挤出机口模的截面形状决定了挤出制品的截面形状，但由于挤出后的制品受力、冷却等各种因素影响，制品的截面形状和口模形状并不完全相同。如正方形型材，其口模形状并不是正方形的孔，若口模的孔设计成正方形，则挤出的制品是方鼓形。

挤出成型的塑料制品主要是连续的型材产品，如薄膜、管、板、片、棒、单丝、扁带、复合材料、中空容器、电线电缆包覆层及异型材料等。目前挤出成型制品约占热塑性塑料制品生产的 40%～50%。用于挤出成型的树脂除用量最大的聚氯乙烯外，还有 ABS 树脂、聚乙烯、聚碳酸酯、发泡聚苯乙烯等，也可将树脂与金属、木材或不同的树脂进行复合挤出成型。此外，挤出成型还可用于工程塑料的塑化造粒、着色和共混等。挤出成型是一种生产效率高、用途广泛、适应性强的成型方法。

3. 压制成型

压制成型主要用于热固性塑料制品的生产，有模压成型和层压成型两种。

1）模压成型

模压成型又称压塑成型。其原理是将定量的塑料原料置于金属模具内，闭合模具，利用模压机加热加压，使塑性原料塑化流动并充满模腔，同时发生化学反应而固化成与模腔形状一致的制品，如图 5-30 所示为模压成型示意图。模压成型制品尺寸精确，质地致密，外观平整光洁，无浇口痕迹，但生产效率较低。可用于模压成型的塑料主要有尿素树脂、环氧树脂、苯酚树脂及不饱和聚酯等热固性塑料。

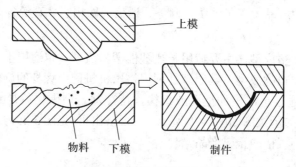

图5-30 模压成型示意图

模压成型可以生产儿童餐具、厨房用具等日用品及开关、插座等电器零件。彩图 5-31 所示是 2005 年推出的双色马克杯，它由不同颜色的相同塑料进行两次模压成型而成，即先模压黑色的外壳，然后在黑色外壳中放入彩色的树脂进行二次模压，从而形成了内外双色的效果。

2）层压成型

层压成型是将浸渍过树脂的片状材料叠合至所需厚度后放入层压机中，在一定的温度和压力下使之黏合固化成层状制品，如图 5-32 所示。层压成型分为连续式层压成型和间歇式层压成型。层压成型制品质地密实，表面平整光洁，生产效率高，多用于生产增强型塑料板材、胶合板、管材、棒材等层压材料。

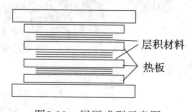

图5-32 层压成型示意图

4. 吹塑成型

吹塑成型是将压缩空气通于处于热塑状态的管状型坯内腔中使其膨胀而制成所需形状的塑料制品，其管状型坯通常用挤出、注射等方法制出。吹塑成型的塑料中，聚乙烯占最大比例，除此之外还有聚氯乙烯、聚碳酸酯、聚苯烯、尼龙等材料。吹塑成型可生产塑料薄膜、中空塑料制品（瓶、桶、罐、油箱、玩具）等。吹塑成型分为薄膜吹塑成型和中空吹塑成型：

1）薄膜吹塑成型

薄膜吹塑成型是将熔融塑料从挤出机机头口模的环行间隙中以圆筒形薄管挤出，同时从机头中心孔向薄管内腔吹入压缩空气，将薄管吹胀成直径更大的管状薄膜（俗称泡管），冷却后卷取。如图 5-33 所示为薄膜吹塑生产流程示意图。薄膜吹塑成型主要用于生产塑料薄膜。

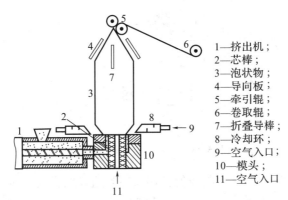

1—挤出机；
2—芯棒；
3—泡状物；
4—导向板；
5—牵引辊；
6—卷取辊；
7—折叠导棒；
8—冷却环；
9—空气入口；
10—模头；
11—空气入口

图5-33　薄膜吹塑生产流程示意图

2）中空吹塑成型

中空吹塑成型是生产中空塑料制品的方法。由于中空吹塑成型能够生产薄壁的中空产品，所以产品的材料成本较低，因而大量用于调味品、洗涤剂等包装用品的生产。中空吹塑成型通常有以下几种工艺：

（1）挤出吹塑：用挤出机挤出管状型坯，趁热将其夹在模具模腔内并封底，向管坯内腔通入压缩空气吹胀成型，如图 5-34 所示。挤出吹塑的特点是制品形状适应面广，特别适于制造大型制品；制品底部强度低，有边角料。

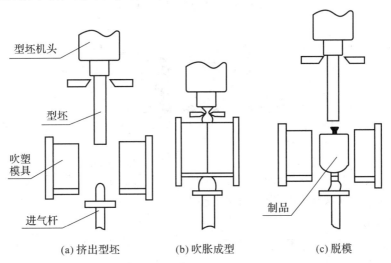

型坯机头

型坯

吹塑模具

进气杆

制品

(a) 挤出型坯　　　　(b) 吹胀成型　　　　(c) 脱模

图5-34　挤出吹塑成型示意图

（2）注射吹塑：分为冷型坯吹塑和热型坯吹塑。前者是将注射制成的试管状有底型坯冷却后移入吹塑模内，将型坯再加热并通入压缩空气吹胀成型；后者则是将注射制成的试管状有底型坯立即趁热移入吹塑模内进行吹胀成型，如图 5-35 所示。注射吹塑的特点是制品外观好，重量稳定，尺寸精确，无边角料。

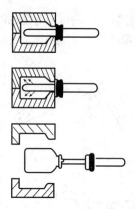

图5-35　注射吹塑成型示意图

（3）拉伸吹塑：将挤出或注射制成的型坯加热到适当的温度，进行纵向拉伸，同时或稍后用压缩空气吹胀进行横向拉伸。拉伸吹塑成型具有薄壁省料且强韧的优点，拉伸后制品的透明度、强度、抗渗透性明显提高。如图 5-36 所示为拉伸吹塑成型示意图。图 5-37 所示为 PET 制品。

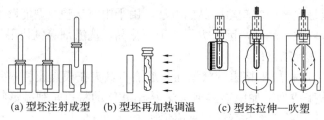

(a) 型坯注射成型　　(b) 型坯再加热调温　　(c) 型坯拉伸—吹塑

图5-36　拉伸吹塑成型示意图

图5-37　PET制品

近年来还发展了多层吹塑成型，用于制造 2 ～ 5 层的多层容器。通过采用多层多品种塑料组成容器壁，可以解决内部介质的阻透问题。

5. 压延成型

压延成型是利用一对或数对相对旋转的加热辊筒，将热塑性塑料塑化并压延成一定厚度和宽度的薄型材料，如图 5-38 所示。压延成型产品质量好，生产能力强，多用于生产塑料薄膜、薄板、片材及人造革、壁纸、地板革等。

6. 滚塑成型

滚塑成型又称旋转成型，其原理是把粉末或糊状塑料置于模具中，加热并沿两垂直轴旋转模具，使模内物料熔融并均匀散布到模腔表面，经冷却脱模而得制品。滚塑成型所用模具及设备成本低，可同时生产多个制品，但生产效率较低，多用于生产各种中空塑料制品，如大型容器、汽车零部件、玩具等。如图 5-39 所示为滚塑成型示意图。

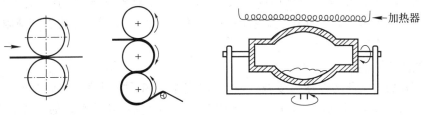

　　图5-38　压延成型示意图　　　　　　　图5-39　滚塑成型示意图

7. 搪塑成型

　　搪塑成型是将配置好的塑料糊注入预热的阴模中，使整个模具内壁为糊料所润附，待解除模壁的部分糊料胶凝时，倒出多余的未胶凝糊料，将模具加热使其中的糊料层完成胶凝，经冷却脱模而得制品，如图 5-40 所示。这种工艺多用于生产中空软质塑料制品。

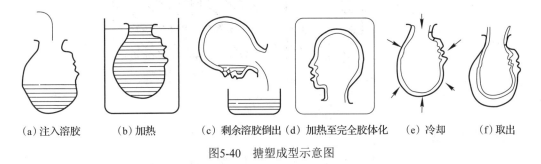

　（a）注入溶胶　　（b）加热　　（c）剩余溶胶倒出（d）加热至完全胶体化　（e）冷却　　（f）取出

图5-40　搪塑成型示意图

8. 铸塑成型

　　铸塑成型又称浇铸成型，是将加有固化剂和其他助剂的液态树脂混合物料倒入成型模具中，在常温或加热条件下使其逐渐固化而制成具有一定形状的制品，如图 5-41 所示。铸塑成型工艺简单、成本低，可以生产大型制品，适用于生产流动性大且有收缩性的塑料，如有机玻璃、尼龙、聚氨酯等热塑性塑料以及酚醛树脂、不饱和聚酯、环氧树脂等热固性塑料。

9. 蘸涂成型

　　蘸涂成型是将蘸涂用的预热阳模浸入配置好的塑料糊状或粉料内，一段时间后慢慢提起阳模，阳模表面便均匀地附上一层塑料，经过热处理和冷却后，从阳模上剥下中空的成型制品。注意用粉末物料蘸涂时，须先将粉末物料变为沸腾状态，再将加热的阳模浸入。蘸涂成型多用来制作防护手套、把手、玩具、柔性管等，如图 5-42 所示为制作胶皮手套的陶瓷阳模。

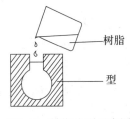
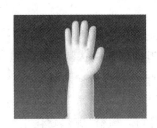

　　图5-41　铸塑成型示意图　　　　　图5-42　陶瓷手套阳模

10. 流延成型

流延成型是将流动性好的塑料糊料均匀地流布在运行的载体(如金属滚筒或传送带)上,随即用适当的方法将其固化、干燥,然后从载体上剥取薄膜,它是生产薄膜的方法之一。此法模具成本低,产品表面光洁,适合小批量生产。

11. 传递模塑成型

传递模塑成型又称传递压铸成型,是热固性塑料的成型方法之一。它是将热固性塑料原料在加料腔中加热熔化,然后加压注入成型模腔中使其固化成型,如图5-43所示。传递模塑成型与模压成型相似,制品尺寸精确,生产周期短,所用模具结构复杂(设有浇口和流道),适合生产形状复杂和带嵌件的制品,多用于酚醛塑料、氨基塑料、环氧塑料等热固性塑料成型。

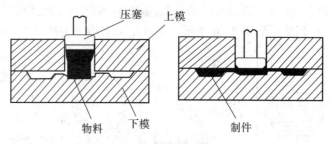

图5-43 传递模塑成型示意图

12. 反应注塑成型

反应注塑成型简称 RIM,即有化学反应的注射成型法。它是将能发生化学反应的两种或两种以上液态单体或预聚体按一定比例混合后,立即注射到模具型腔中,经快速反应而固化成型,冷却脱模而得制品。反应注塑成型要求原料应具有较高活性,能快速反应固化,主要用于聚氨酯塑料成型。

5.3.2 塑料的加工工艺

塑料的加工工艺又称塑料的二次成型,是采用机械加工、热成型、连接、表面处理等工艺将一次成型的塑料板材、管材、棒材、片材及模制品等制成所需的制品。

1. 塑料的机械加工

塑料的机械加工包括锯、切、铣、磨、刨、钻、喷砂、抛光、螺纹加工等。塑料的机械加工与金属材料的切削加工大致相同,仍可沿用金属材料加工的一套切削工具和设备。但加工时应注意以下几点:

(1)塑料的导热性很差,加工中散热不良,一旦温度过高易造成软化发黏,以致分解烧焦。

(2)制品的回弹性大,易变形,加工表面较粗糙,尺寸误差大。

(3)加工有方向性的层状塑料制品时易开裂、分层、起毛或崩落。

2. 塑料热成型

塑料热成型是塑料二次成型的主要方法,是热塑性塑料最简单的成型方法,其原理是将塑料板材(或管材、棒材)加热软化进行成型(见图5-44)。

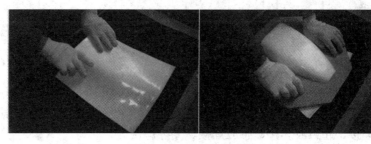

图5-44　塑料热成型

塑料热成型的方法有模压成型和真空成型。模压成型是将塑料板材加热软化后利用模具压制成型而得到制品（见图 5-44）；真空成型又称真空抽吸成型，是将加热的热塑性塑料薄片或薄板置于带有小孔的模具上，四周固定密封后抽取成真空，片材被吸附在模具的模壁上而成型，脱模后即得制品，如图 5-45 所示。真空成型的方法较多，主要分为两大类：贴合在阳模上的阳模真空成型（见图 5-46）和贴合在阴模上的阴模真空成型（见图 5-47）。真空成型的成型速度快，模具简单，操作容易，多用来生产电器外壳、装饰材料、包装材料和日用品等。

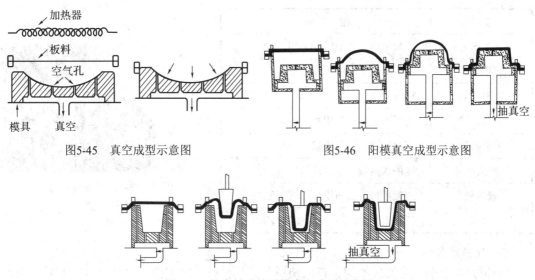

图5-45　真空成型示意图　　　　　　　　图5-46　阳模真空成型示意图

图5-47　柱塞辅助的阴模真空成型示意图

热成型方法能生产从小到大的薄壁产品，设备费用、生产成本比其他成型方法低，所需模具简单，既适用于大批量生产，也适用于少量生产。大批量生产时使用铝合金制造模具，少量生产时使用石膏或树脂制造模具，或采用电铸成型模具。但是这种成型方法不适宜成型形状复杂、尺寸精度要求高的产品，并且因这种成型方法是拉伸片材而成的，所以产品的壁厚难以控制。

热成型方法适用范围广，多用于热塑性塑料、热塑性复合材料的成型。可用于热成型的材料有 ABS、有机玻璃、聚氯乙烯、聚苯乙烯、聚碳酸酯、发泡聚苯乙烯等片材。其产品广泛用于包装领域，冰箱内胆、机器外壳、照明灯罩、广告牌、旅行箱等产品也可采用热成型方法生产。

3. 塑料连接

塑料常用的连接方法除一般使用的机械连接方法外，还有热熔黏结、溶剂黏结和胶黏剂黏结等方法。

1）热熔黏结

热熔黏结又称塑料焊接，是热塑性塑料连接的基本方法。它是利用热作用，使塑料连接处发生熔融，并在一定的压力下将其黏结在一起。常采用的焊接方法有热风焊接、热对挤焊接、高频焊接、超声波焊接、感应焊接、摩擦焊接等。

2）溶剂黏结

溶剂黏结是利用有机溶剂（如丙酮、三氯甲烷、二氯甲烷、二甲苯、四氢呋喃等）将需黏结的塑料表面溶解或溶胀，通过加压黏结在一起，形成牢固的接头（见图5-48）。

一般可溶于溶剂的塑料都可以采用溶剂黏结，如ABS、聚氯乙烯、有机玻璃、聚苯乙烯、纤维素塑料等热塑性塑料多采用溶剂黏结。但溶剂黏结方法不适用于不同品牌塑料的黏结；热固性塑料由于其不溶解的特性，也难用此方法黏结。常用塑料及常用黏结溶剂见表5-2。

表 5-2　常用塑料及常用黏结溶剂

塑料	溶　　剂
ABS	三聚甲烷、四氯呋喃、甲乙酮
有机玻璃	三氯甲烷、二氯甲烷
聚氯乙烯	四氢呋喃、环己酮
聚苯乙烯	三氯甲烷、二氯甲烷、甲苯
聚碳酸酯	三氯甲烷、二氯甲烷
聚酰胺	苯酚水溶液
聚苯醚	三氯甲烷、二氯甲烷、二氯乙烷
聚砜	三氯甲烷、二氯甲烷、二氯乙烷

图5-48　塑料黏结

3）胶黏剂黏结

利用强胶黏剂，可实现不同塑料或塑料与其他材料间的连接，这是一种很有发展前途的连接方法。

4. 塑料表面处理

塑料表面处理是将塑料的表面赋予新的装饰特征，包括镀饰、涂饰、印刷、压花、彩饰等。

1）涂饰

塑料零件涂饰，主要是指防止塑料制品老化、提高制品耐化学药品与耐溶剂的能力，以及装饰着色获得不同表面肌理等的工艺。

2）镀饰

在塑料零件表面镀覆金属，是塑料二次加工的重要工艺之一，它能改善塑料零件的表面性能，达到防护、装饰和美化的目的。例如使塑料零件具有导电性，提高防老化、防潮、防溶剂侵蚀的性能，并使制品具有金属光泽。因此塑料金属化或塑料镀覆金属，是当前扩大塑料制品应用范围的重要加工方法之一。

3）烫印

烫印是利用刻有图案或文字的热模，在一定的压力下，将烫印材料上的彩色锡箔转移到塑料制品表面上，从而获得精美的图案和文字。

5.4 塑料材料的结构工艺性

塑料制品的结构设计与所选的塑料品种、成型工艺、表面处理密切相关。为了提高塑料制品的生产效率，必须根据塑料特性，处理好塑料制品的结构工艺性，尤其是制品结构的细节处理更能体现塑料产品的技术含量。

5.4.1 壁厚

壁厚是塑料制品非常重要的结构要素，塑料制品应有合理的壁厚。这是因为，壁厚不仅是为了产品能满足强度、刚度、重量、电气性能、尺寸稳定性以及装配性能等使用要求，而且也是为了塑料在成型时，具有良好的流动状态（如壁不能太过薄），具有良好的填充和冷却效果（如壁不能太厚）。有时产品在使用中需要的强度虽然很小，但是为了使制品顺利地从模具中顶出以及完成部件的装配，仍需具有适当的壁厚。此外，为了满足嵌件固定以及防止制品翘曲变形的要求，也须有合理的壁厚。下面是塑料制品壁厚设计的基本原则。

（1）壁厚尽可能均匀。

同一件塑料制品的壁厚应尽可能均匀，避免有的部位太厚或太薄，否则会因冷却或固化速度不同产生内应力，成型后制品产生变形或出现缩孔、凹陷、烧伤以及填充不足等问题，从而影响制品的质量。为了使壁厚均匀，在可能的情况下可将厚的部分挖孔，设计适当的圆角、斜度等，如图5-49所示。如图5-50所示为均匀壁厚的结构设计改进对比，其中右列图是针对左列图的对应改进设计。

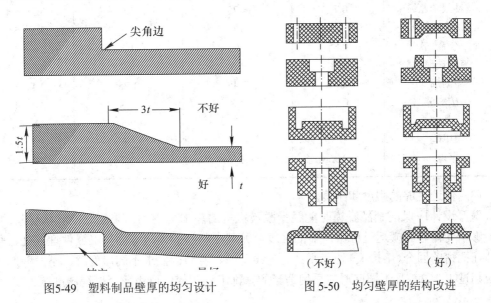

图5-49 塑料制品壁厚的均匀设计　　　　　图5-50 均匀壁厚的结构改进

（2）在满足制品结构和使用要求的条件下，尽可能采用较小壁厚。

由于塑料的品种牌号和制品大小不同，塑料制品的最小壁厚不同。表 5-3 所示为热固性塑料制品壁厚推荐值，表 5-4 所示为热塑性塑料制品的最小壁厚及常用壁厚推荐值。通常产品设计中塑料制品的壁厚一般为：电子工程类壳体 2.5～3 mm，日常生活用品壳体 1.5～2 mm，薄壁类产品壳体通常 0.5～0.8 mm，大型制品的壁厚一般 3.2～9.5 mm。对于椅子等承重的塑料制品，壁厚可适当增加，但是不能一味靠增加壁厚来提高强度，还应考虑通过成型时加入增强纤维或设计加强筋结构等方式来改善其力学性能。

表 5-3　热固性塑料制品壁厚推荐值

mm

塑料名称	制品高度		
	<50	50～100	100以上
粉状填料的酚醛塑料	0.7～2.0	2.0～3.0	5.0～6.5
纤维状填料的酚醛塑料	1.5～2.0	2.5～3.5	6.0～8.0
氨基塑料	1.0	1.3～2.0	3.0～4.0
聚酯玻纤填料的塑料	1.0～2.0	2.4～3.2	>4.8
聚酯无机物填料的塑料	1.0～2.0	3.2～4.8	>4.8

表 5-4　热塑性塑料制品的最小壁厚及常用壁厚推荐值

mm

塑料名称	最小壁厚	推荐壁厚		
		小型制品	中型制品	大型制品
尼龙	0.45	0.76	1.5	2.4～3.2
聚乙烯	0.6	1.25	1.6	2.4～3.2
聚苯乙烯	0.75	1.25	1.6	3.2～5.4
高抗冲聚苯乙烯	0.75	1.25	1.6	3.2～5.4
聚氯乙烯（硬）	1.15	1.6	1.8	3.2～5.8
聚氯乙烯（软）	0.85	1.25	1.5	2.4～3.2
有机玻璃	0.8	1.5	2.2	4.0～6.5
聚丙烯	0.85	1.45	1.75	2.4～3.2
聚碳酸酯	0.95	1.8	2.3	3.0～4.5
聚苯醚	1.2	1.75	2.5	3.5～6.4
聚甲醛	0.8	1.4	1.6	3.2～5.4
聚砜	0.95	1.8	2.3	3.0～4.5

（3）保证足够的强度和刚度。

壁厚设计应保证制品脱模时能经受脱模机构的冲击与震动，装配时能够承受紧固力，且能够承受储存和搬运过程中所需的强度。尤其在制品的连接紧固处、嵌件埋入处、塑料容体在孔窗的回合（熔接痕）处，要具有足够壁厚。若结构要求不同厚度时，不同壁厚比例不应超过 1：3，且不同壁厚应采用适当的修饰半径，使壁厚由薄至厚缓慢过渡。

制品的壁厚设计是比较困难的工作，虽然可凭借经验与必要的计算大致予以确定，但是最终往往是根据试模产品的强度检测来决定的。在进行制品的壁厚设计时，若资料不足，则可到市场上选购相类似的商品，通过分析、实验来确定尺寸。总之，确定制品的壁厚时，应综合考虑强度、刚性、产品质量、尺寸稳定性、绝缘、隔热、产品的大小、推出方式、装配所需强度、成型方法、成型材料、产品成本等有关因素。

5.4.2 脱模斜度

由于塑料制品的成型大多通过模具实现，制品冷却后产生收缩，会紧紧包住模具型芯或型腔中凸出的部分。为了使制品易于从模具内脱出，在设计时要考虑制品脱模问题，即在平行于脱模方向的制品内、外壁设计一定的斜度，称为脱模斜度（见图5-51）。足够的脱模斜度，可以方便制品脱模，否则会出现脱模阻力过大，或顶出时制品破裂、变形和擦伤的现象，使制品废品率增加，影响制品质量。如图5-52所示是设计有脱模斜度的塑料垃圾桶，其成型脱模方便，生产效率高。

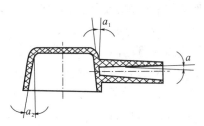

图5-51　脱模斜度

图5-52　塑料垃圾桶

脱模斜度必须在图纸上明确标出。若因产品外观要求，不准有脱模斜度，则应在模具结构上采用瓣合模结构的方式开模，虽然模具价格较高，但使用此法制成的产品符合要求。

脱模斜度没有精确的计算公式，目前仍依靠经验数据。脱模斜度与塑料品种、制品性质及模具结构等有关，一般情况下脱模斜度可取 0.5°～1.5°，最小为 15′～20′。只有塑件高度不大时才允许不设斜度。脱模斜度的经验数据见表5-5。

表 5-5　脱模斜度的参考数值

塑料名称	脱模斜度
聚乙烯、聚丙烯、软聚氯乙烯	30′～1°
ABS、尼龙、聚甲醛、氯化聚醚、聚苯醚	40′～1° 30′
硬聚氯乙烯、聚碳酸酯、聚砜、聚苯乙烯、有机玻璃	50′～2°
热固性塑料	20′～2°

5.4.3 圆角

塑料制品的圆角设计，对其成型、强度、外观以及模具制作等具有重要意义。一般圆角是指在制品的棱边、棱角、加强筋、支撑座、底面、平面等的连接处均采用圆弧过渡，如图 5-53 所示。在制品结构无特殊要求时，各连接处均应设置成半径为壁厚 1/3 以上的圆角，最小不能小于 0.5 ～ 1 mm。

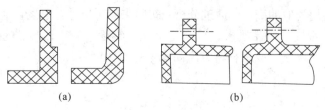

(a)　　　　　　　　　　(b)

图5-53　设计圆角

1. 圆角与强度

众所周知，鸡蛋的壳体可承受较大的压力，这是由于鸡蛋壳体由曲面构成，可以分散应力。同样，在塑料制品的各个部位，设计各种尺寸的圆角也可以增强产品的强度。尤其是在制品内侧棱边处做成圆角过渡，耐抗冲击力可提高 3 倍左右。

2. 圆角与成型性

在制品的拐角部位设计圆角，可提高制品的成型性。因为圆角有利于树脂在模具内的流动，可减少成型时的压力损失。一般来说圆角越大越好。对于真空成型及吹塑成型的制品，设计较大的圆角，可以防止制品拐角部位的薄壁化，并且有利于提高成型效率及制品的强度。图 5-54（a）为无圆角时的乱流，图 5-54（b）为有圆角时的顺畅流动。

3. 圆角与变形

在制品的内、外侧拐角处设计圆角，可以缓和制品的内部应力，防止制品向内外弯曲变形。在设计模具时，可估测塑料制品的变形状况做出相应消除变形的形状。对于大型的平面，为了保证表面的平整，可在加工模具时，将平面形状做成稍有凸脱的球面。如图 5-55 所示为塑料制品的内缩现象。

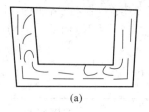

(a)　　　　　　　　　(b)

图5-54　圆角与成型性

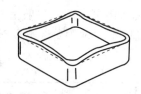

图5-55　制品的内缩现象

4. 圆角与模具

制品设计成圆角，不仅增加了制品的美观性，也使模具型腔对应部位呈圆角，增加了模具的坚固性。制品的外圆对应着型腔的内圆角，它使模具在淬火或使用时不会因应力集中而开裂，因而制品上的圆角对于模具的机械加工和热处理、提高模具强度、延长模具使用寿命也是必要的。

5.4.4　加强筋

加强筋能够有效地增加制品的刚性与强度，避免制品变形翘曲。适当的加强筋设计，不仅能够节省材料、减轻质量并减短成型周期，更能消除厚横切面容易带来的成型缺陷，比如产生缩孔或凹痕。大型平面上纵横布置加强筋，能增加塑件的刚性，起辅助浇道作用，降低塑料的冲模阻力。如果加强筋的设计不当，则其与制品主体连接部位将会成为薄弱环节。另外，防止薄壳状产品变形的结构设计，除了采用加强筋外，还可做成球面或拱曲面，这样可以有效地增加刚性、减少变形。

加强筋的设计原则：

(1) 筋厚度不应大于壁厚，筋的形状采用圆弧过渡，避免外力作用产生应力集中而破坏结构，但圆角半径不应太大(见图 5-56)。

(2) 加强筋不应设置在大面积制品的中央部位。当设置较多加强筋时，分布排列应相互错开，应避免或减少局部集中，以免因收缩不均而破裂(见图 5-57)。

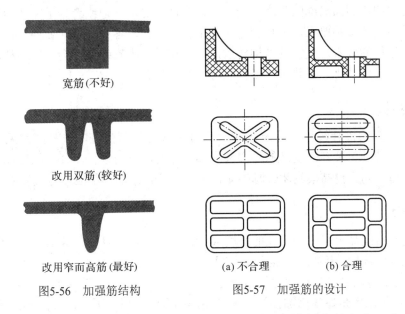

宽筋(不好)	
改用双筋(较好)	(a) 不合理　(b) 合理
改用窄而高筋(最好)	

图5-56　加强筋结构　　　　图5-57　加强筋的设计

(3) 加强筋的布置方向除与受力方向一致外，最好还与熔料充填方向一致，还应与模压方向或模具成型零件的运动方向一致，以便成型后脱模容易。

5.4.5　支撑面

当制品需要一个平面来支撑时，以制品的整个底面做支撑面是不合理的，因为制品稍许翘曲或变形就会使底面不平。一般不能以制品的整个地面作为支撑面，而应采用凸边、凸出的底脚等结构来做塑料制品的支撑面，如三点支撑、边框支撑等。当底面结构设计成凹凸形，并在凹面增设加强筋时，加强筋端面一般低于支撑面 0.5 mm 左右。

5.4.6　孔

由于外观或功能的要求，制品上常常要设置各种各样的孔。孔的设计除了满足使用要求外，还应兼顾制品成型。

孔尽可能设置在制品强度较大、不易削弱制品强度的地方，避免把孔设置在制品的薄弱部位；为保证制品的使用强度，孔之间和孔与边壁之间均应留有足够距离，孔与边缘之间的距离大于孔径，应使孔间、孔与边壁间、孔的端部至制品表面有足够的厚度，必要时可在孔的四周采用凸台，以提高孔的使用强度。表 5-6 所示为孔径与孔间距、孔边距的关系。

表 5-6 孔径与孔间距、孔边距的关系

孔径/mm	<1.5	1.5～3	3～6	6～10	10～18	18～30
孔间距、孔边距/mm	1～1.5	1.5～2	2～3	3～4	4～5	5～7

5.4.7 嵌件

为了增加塑料制品局部的强度、硬度、耐磨性、导电性，或者为了减少塑料原材料的使用以及满足其他多种要求，塑料制品应采用各种形状、各种材料的嵌件。但是采用嵌件一般会增加塑料的成本，使模具结构复杂，而且在模具中安装嵌件会降低塑料制品的生产效率，难以实现自动化，因此应尽可能少用或不用嵌件。

5.4.8 分模线

凹模与凸模的接合线称为分模线(PL)。分模线是模具痕迹的一种，常见于注塑、吹塑制品等，如各种包装容器制品的外围部位都有较为明显的位置。分模线应设计在容易清除飞边的部位。为了提高模具闭合时的配合精度，分模线的形状应该尽量简单。

5.4.9 凸台

凸台是塑料制品上用来增强孔的强度或为连接紧固件提供坐落的部位。通常凸台是承受应力和应变的部位，因此凸台的设计应注意以下几点：

(1) 尽可能将凸台设计在塑件的转角处。

(2) 凸台可以用角撑或用加强筋与侧壁相连的方法来增加强度，如图 5-58 所示。

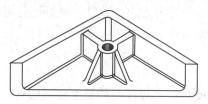

图5-58 凸台结构

5.4.10 雕刻

考虑到塑料制品外形美观或为了适应某些特殊要求，常常在塑料制品上制出花纹、文字、符号等标记。为了达到这些目的，就需在模具上进行雕刻。雕刻通常是在金属模具上进行，最终反映到塑料制品上。这种雕刻一般采用切削、腐蚀、冷挤等手段，其工艺根据不同的产品会有不同的措施。相对于丝网印刷、热烫印等塑料表面产品标志处理的效果，通过模具雕刻直接注塑成型显得技术含量更高、更为优雅。

1) 制品上雕刻花纹

如在手柄、旋钮等表面设计花纹可增大摩擦力，防止使用中的滑动，图 5-59 所示为旋钮花纹。这种雕刻工艺还可以遮掩成型过程中在制品表面形成的缺陷，改善制品表面外观状况，增加装配时的结合牢固性，有时采用流线形或圆柱形表面还能有效防止制品变形。但是需要注意，花纹设置不能影响塑料制品的脱模，其条纹方向应与脱模方向一致，条纹高度不超过其宽度，花纹不要太细，条纹间距尽可能大些，以便于模具制造及制品脱模。花纹可均匀布于制品表面，也可以分组集中布置。当制品表面的花纹为网状花纹时，条纹交角一般为60°～90°，交角太小会在制品表面上形成凸脱的尖角，影响制作及模具的使用强度。

2) 文字、标记及符号

直接在制品上成型出文字、符号等标记，通常其线条高度不应超过其宽度，否则就会影响其使用强度。文字、标记及符号的脱模斜度应大于10°。为了便于用机械加工的方法加工模具，制品上的文字、标记及符号常为凸形的。若制品上将文字、标记及符号设计为凹形的，会使模具制造困难，需采用复杂加工工艺。

图5-60所示是采用聚碳酸酯塑料成型的苹果电子产品，其中标志部分就是通过雕刻的方法在模具上直接注塑成型，其感觉完全不同于采用贴膜或热烫印等方法处理标志。

图5-59　旋钮花纹

图 5-60　苹果电子产品

5.5　塑料材料运用案例

现代工业产品越来越多地采用塑料材料，其主要原因是塑料可使产品的造型具有良好的艺术效果和经济效果。塑料制品可以通过一道工序，就可以获得所需的复杂造型，而且很少再需要进行进一步的加工和表面处理，使产品的造型设计不受或少受加工技术的限制，能充分实现设计师对产品内外结构和造型的巧妙构思。塑料材质还具有良好的质感，可通过镀饰、涂饰、印刷等装饰手段，模拟出近似金属、木材、皮革、陶瓷等质感效果。随着材料科学的发展，塑料已经不再是附着在物体上的被动角色，而是表现色彩和情感的良好媒介，下面是采用塑料设计的优秀作品。

1. OZ 冰箱（见彩图 5-61）

OZ 冰箱是由设计师 Roberto Pezzetta 为家电制造商伊莱克斯设计的。该冰箱采用了聚氨酯泡沫塑料制作箱体，改变了以往冰箱的金属壳体。OZ 冰箱利用具有隔热性能的泡沫塑料的注塑成型，在成型过程中固化成致密光洁的表面，不需要再进行表面处理。因为材料较为单一，OZ 冰箱的壳体可以 100% 回收，符合欧洲环保最高标准。OZ 冰箱在造型上大胆突破了传统的方方正正的壁橱设计，具有柔和、体贴的曲线外形壳箱体，体态简洁完美，造型美观。OZ 冰箱在布尔诺赢得了 1997 年的设计声望奖，并于 1999 年获得荷兰工业设计的巨奖。OZ冰箱是泡沫塑料应用于产品设计的典范。

2.“Boalum”软管灯（见彩图5-62）

“Boalum”管状灯是利维奥·卡斯蒂廖尼（Livio Castiglioni）和詹佛兰科·夫拉蒂尼（Gianfranco Frattini）共同设计的。用半透明PVC塑料制成的这盏蛇形灯，内部有金属框架支撑，便于固定5W的小型灯泡。“Boalum”灯的“波普”特性不仅表现在用材上，可随意摆布的造型也使它浸透着“波普”气息——使用者可以根据需要，或是垂直悬挂，或是水平摆放，甚至还可以自己动手，将其塑造成雕塑形体。理论上讲，灯的长度可以在购买时量身定做，每个单位长度是两米。一般来说，照明设计的功能性目标一是遮挡灯泡，二是减少光的照度，而“Boalum”灯都一一做到了，既起到了一定的照明作用，也烘托了环境气氛，这与中国古代灯笼的设计理念相仿。

3.“TOHOT”盐和胡椒摇罐（见彩图5-63）

“TOHOT”盐和胡椒摇罐是由法国设计师琼·玛丽·马萨德（Jean Marie Massand）设计的。设计者通过此设计将盐和胡椒这两个常用的调味品连接在一起。摇罐的罐体采用半透明的聚丙烯塑料注射而成，内嵌的不锈钢和磁铁将两个罐体连成一体。

4.“SKUD医生”苍蝇拍（见彩图5-64）

“SKUD医生”苍蝇拍是由法国设计师菲利普·斯塔克（Philippe Stack）设计的。这件看似平常的东西最吸引人的地方是拍子上大小不一的网点，竟然组成了“Fornasetti”的面孔。这个苍蝇拍比例修长，但非常结实，其原因是由于在拍子的柄部进行了加厚设计，保证了一定的强度。拍子的底部采用三足结构，使拍子自身可以稳稳地立住。拍子采用注射成型，拍子上的大小网点在注射模中一次成型。

5.“Dune”衣物挂钩（见彩图5-65）

“Dune”衣物挂钩是由意大利设计师保罗·尤连（Polo Ulian）和吉塞普·尤连（Giuseppe Ulian）设计的。设计者利用废旧塑料瓶进行再设计。将塑料矿泉水瓶压扁，充分利用塑料瓶现有的特征——瓶口螺纹，使之与底座相连，并用瓶盖固定。挂钩基座采用热压成型的塑料板或冲压成型的钢板，挂钩可独立安装也可多个组合成一组。

6.“布兰尼小姐”椅（见彩图5-66）

“布兰尼小姐”椅是由日本设计师仓右四郎（Shiro Kuramate）设计的，其灵感源于电影《欲望号街车》中布兰尼迪布瓦的服装，该设计利用丙烯酸树脂浇筑成型，在制作过程中加入了玫瑰花瓣实现了设计师的构想。椅子由3个部分组成——座位、靠背和扶手。每部分的制作过程是：在一个装满液态丙烯酸树脂的模子中放入玫瑰花，放置时必须将花瓣上的气泡拍吸干净，然后用小钳子固定玫瑰花瓣的位置，对椅子的设计和美学质量进行很好的控制，从而完成这款形状精巧的椅子主体部分。最后将这3个部分黏合在一起，就达到整体的透明性。

7.“LOTO”落地灯和台灯（见彩图5-67）

“LOTO”落地灯和台灯是由意大利设计师古利艾尔莫·伯奇西设计的，其特别之处在于灯罩的可变结构。灯罩由两种不同尺寸的长椭圆形聚碳酸酯塑料片与上下两个塑料套环，通过在灯杆中的上下移动而改变。该灯是传统灯罩结构与富有想象力的灯罩结构的有机结合。

8. 透明的 i 磁性钢珠笔(见彩图 5-68)

透明的 i 磁性钢珠笔是以聚碳酸酯为材料的 USUS 的 i 系列最新产品。透明的笔盖清晰呈现笔的新结构：两个如水晶般清透的套管，套住四对接合整支笔的微型磁铁，让整个笔匣如飘浮在空中般轻盈。聚碳酸酯透明度高，因此呈现出其他笔所没有的透明美感与澄澈。书写时，旋转笔管即可轻易旋出笔尖。

9. CABOCHE 吊灯(见彩图 5-69)

CABOCHE 吊灯是由帕特西亚·尤其拉(Patricia Urqiola)和艾丽安娜·格罗特(Eliana Gerotto)设计的。吊灯由 189 个 PMMA 反光球组成，将传统的枝行吊灯用富有现代感的形式表现出来。

10. iMac 电脑产品(见彩图 5-70)

iMac 电脑产品的色彩和半透明设计大胆地突破了普通电脑机箱颜色较单一的局面。其独具匠心地运用塑料的透明性，将色彩光泽设计触角伸向人的心灵深处，选用活泼亲切的透明和半透明的糖果色的色彩设计，通过富有隐喻色彩和审美情调的设计，赋予其更多的意义，映射出社会的潮流。该产品把对材料的创造性使用和内部设计的挑战优雅地配合在一起。为了创造材质的美感，必须让塑料在高压注射模具中均匀流动而不形成流动的纹路，从而得到无瑕疵、清晰而且质量稳定的透明壳体。同时内部元件的装配要能适应外部的视觉美感。透过透明的或半透明的机身，可隐约看到内部的电路结构。

第6章 木材及其加工工艺

　　木材是能够次级生长的植物，这些植物在初生生长结束后，根茎中的维管形成层开始活动，向外发展出韧皮，向内发展出木材。

　　木材是传统的建筑材料，在古建筑和现代建筑中都得到了广泛应用，如用于构架屋顶的梁、柱、斗拱等。我国许多古建筑全部采用木结构，其建筑技术和艺术风格具有很高的水平，并极具特色。木材还被广泛用于室内装修与装饰，使室内空间产生温暖与亲切感，给人以自然美的享受(见图6-1)。另外，由于木材优异的性能及良好的视触觉质感，在产品设计中也得到了广泛应用(见图6-2)。随着科学技术的不断发展，木材应用的领域还在不断扩大。

图6-1　木材室内装饰

图6-2　木制键盘

6.1　常用木材

6.1.1　木材分类

　　按照树木成长状况、树叶外观形状以及材质，可将木材分为不同的类别。

1. 按树木成长状况分类

　　按树木成长的状况，木材分为外长树与内长树。外长树是指树干的成长是由内向外生长，逐渐长成；内长树的成长则是内部木质的充实，热带的木材几乎都是内长材。

2. 按树叶外观形状分类

　　按树叶外观形状，木材分为针叶树和阔叶树两类。针叶树树叶细长，大部分为常绿树，其树干直而高大，纹理顺直，木质较软，易加工，如杉木、红松、白松、黄花松等；针叶树密度小，强度较高，胀缩变形小，是建筑工程中的主要用材；阔叶树树叶宽大呈片状，大多数为落叶树，其树干通直部分较短，木材较硬，加工比较困难，如桦树、榆树、水曲柳等。阔叶树密度较大，易胀缩、翘曲、开裂，常用作室内装饰、次要承重构件、胶合板等。

3. 按材质分类

按照材质，木材分为软木材和硬木材。木材的软硬程度，根据木材端面耐压能力分 6 个级别，如表 6-1 所示。

表 6-1　木材的硬度级别

耐压能力/MPa	级别	耐压能力/MPa	级别	耐压能力/MPa	级别
<19.62	甚软	19.72～34.34	软材	34.43～49.05	略软
49.15～63.77	略硬	63.86～98.10	硬材	大于98.10	甚硬

6.1.2　产品设计常用的木材

1. 红木

所谓红木，不是某一特定树种，而是在我国明清时期以来对稀有硬木的统称。其名称、产地及特征如表 6-2 所示。

（1）红木的优点：颜色较深，大多数木材体现出古香古色的风格，用于传统家具的制作；多数木材自身散发香味，尤其是檀木；材质较硬、强度高、耐磨及耐久性好。

（2）红木的缺点：产量较少，很难有优质树种，质量参差不齐；纹路与年轮不清楚，视觉效果不够清新；材质较硬，加工难度高，而且易出现开裂的现象。

表 6-2　红　　木

名称	纹理	产地	特　点
黄花梨		中国	木材有光泽，具辛辣味，纹理斜而交错，结构细而均匀，材质硬，强度高
紫檀		亚热带地区、印度、中国	木材有光泽、香气，久露空气后变紫红褐色，纹理交错，结构致密，耐腐、耐久性好，材质坚硬，密度高
花梨木		热带地区、东南亚及南美、非洲、中国	材色较均匀，由浅黄至暗红褐色，可见深色条纹，纹理交错、结构细而匀（南美、非洲略粗）；有光泽和香气，耐磨且强度高，东南亚产的花梨木中以泰国最优，缅甸次之
酸枝木		热带、亚热带地区，主要产地为东南亚国家	材色不均匀，心材橙色、浅红褐色至黑褐色，深色条纹明显；木材有光泽，具酸味或酸香味，纹理斜而交错，密度高，含油腻，坚硬耐磨
鸡翅木		亚热带地区，主要产地东南亚和南美	因为有类似"鸡翅"的纹理而得名，纹理交错、不清楚，颜色突兀，木材本无香气，生长年轮不明显

2. 橡木

橡木属山毛榉科，树心呈黄褐至红褐，生长年轮明显，略成波状，质重坚硬。橡木在我国北至吉林、辽宁，南至海南、云南都有分布，但优质材并不多见，优等橡木仍需要从国外进口，这是橡木家具价格高的重要原因。

3. 水曲柳

水曲柳主要产于东北、华北等地，边材呈黄白色，心材褐色略黄，年轮明显但不均匀，木质结构粗，纹理直，花纹漂亮且有光泽，硬度较大。水曲柳具有弹性、韧性好，耐磨、耐湿等特点，且其加工性、油漆及胶黏性能好，但干燥困难，易翘曲。

4. 栎木

栎木俗称柞木，材质坚硬，心边材区分明显，纹理直或斜，耐水耐腐蚀性强，加工难度高，切面光滑，耐磨损，胶接要求高，油漆着色、涂饰性能良好，国内的家具厂商多采用柞木作为原材料。其缺点：生长缓慢，优质树种较少；胶结要求很高，容易在接缝处开裂；加工难度较高，存在较多的加工缺陷。

5. 胡桃木

胡桃木属木材中较优质的一种，主要产自北美和欧洲。黑胡桃呈浅黑褐色带紫色，弦切面为漂亮的大抛物线花纹（大山纹），黑胡桃非常昂贵，做家具通常用木皮，极少用实木。也有国产的胡桃木，但颜色较浅。

6. 樱桃木

进口樱桃木主要产自欧洲和北美，木材浅黄褐色，纹理雅致，弦切面为抛物线花纹。樱桃木是高档木材，做家具通常用木皮，很少用实木。

7. 枫木

枫木分软枫和硬枫两种，属温带木材，因为国内枫木产于长江流域以南直至台湾，国外产于美国东部。木材呈灰褐至灰红色，年轮不明显，管孔多而小，分布均匀。枫木纹理交错，结构细致而均匀，质轻而较硬，花纹图案优良，易加工，但干燥时易翘曲变形，油漆涂装性能好，胶合性强。

8. 桦木

桦木年轮明显，纹理直且鲜明，材质结构细腻而柔和光滑，质地适中。桦木富有弹性，干燥时易开裂翘曲，不耐磨；加工性能好，切面光滑，油漆和胶合性能好。桦木属中档木材，实木和木皮都常见，主要产于东北及华北地区，木质细腻淡白微黄，纤维抗剪力差；根部及节结处多花纹，古人常用其做门芯等装饰，桦木多汁，成材后多变形，故少见全部用桦木制成的桌椅。

在我国，森林资源林区广，树种丰富，除以上树木种类之外，还产杉木、松木、香樟木、榆木、榉木、楠木等常用树种木材。

6.1.3 产品设计常用的木材种类

1. 原木

原木是指砍伐的树干去枝去皮后按规格截成一定长度的木材，如图 6-3 所示。原木分为直接使用和加工使用两种，直接使用的原木一般用于建筑、坑木、电柱、枕木等；加工使用的原木作为原材料加工使用，按其锯割后的宽度和厚度的比例关系可分为板材、方材和薄木等。宽度为厚度 3 倍以上的称为板材，宽度不足厚度 3 倍的矩形木材称为方材，厚度小于 1 mm 的称为薄木。

图6-3 原木

2. 人造板材

人造板材是以原木、废材、刨花、木屑或其他木材植物纤维等为原料，经过机械加工后，添加化工胶黏剂制作成的板材，通常包括刨花板、纤维板、胶合板及细木工板等。

1）刨花板

刨花板（见图 6-4）是将木质刨花或碎木屑等拌以胶黏剂、硬化剂、防水剂，在一定的温度下压制而成的一种人造板材。刨花板结构比较均匀，加工性能好，可以根据需要加工成大幅面的板材，是制作不同规格、样式家具较好的原材料。刨花板吸音和隔热性能好，可作为吸音和保温隔热材料。刨花板的缺点：因为边缘粗糙，容易吸湿，所以用刨花板制作的家具封边工艺特别重要。

刨花板按产品分低密度（0.25 ～ 0.45 kg/m^3）、中密度（0.45 ～ 0.60 kg/m^3）和高密度（0.60 ～ 1.3 kg/m^3）三种，但通常生产的多是密度为 0.60 ～ 0.70 kg/m^3 的刨花板。

2）纤维板

纤维板（见图 6-5）又名密度板，是以木质纤维或其他植物纤维素为原料，并施加胶黏剂制成的人造板。纤维板具有材质均匀、纵横强度差小及不易开裂等优点，用途广泛。其缺点是吸湿后因产生膨胀力差异而使板材翘曲变形。

图6-4 刨花板

图6-5 纤维板

通常纤维板按密度分非压缩型和压缩型两大类。非压缩型为软质纤维板，密度小于 0.4 kg/m^3；压缩型有中密度纤维板（密度为 0.4 ～ 0.8 kg/m^3）和硬质纤维板（密度大于 0.8 kg/m^3）。软质纤维板质轻，空隙率大，有良好的隔热性和吸声性，多用作公共建筑物内部的覆盖材料。中密度纤维板的结构比天然木材均匀，胀缩性小，便于加工，没有腐朽、虫蛀等问题，其表面平整，易于粘贴各种饰面装饰美化家居；硬质纤维板厚度范围较小，强度较高，多用于建筑、船舶及车辆等。

富有创造性的回收与再利用的做法在 1940 年英国就已经成为一种标准了。木质板材以木渣板的形式被大规模地充分利用，后来应用在许多产品中。比如从汽车的内外装饰到收音机与高保真音响，这台"亲近自然的电视机"（见图 6-6），其模塑纤维板塑造出有趣的富有装饰性的表层。

3）细木工板

细木工板（见图 6-7）俗称大芯板，由两片单板中间胶压拼接木板而成。细木工板坚固耐用、平整、结构稳定、不易变形，被广泛用于家具制作及建筑壁板等方面。

图6-6　亲近自然的电视机

图6-7　细木工板

4）胶合板

胶合板（见图 6-8）是由木段旋切成单板或由木方刨切成薄木，再用胶黏剂胶合而成的三层或多层的板状材料。通常是奇数层单板，相邻层单板的纤维方向互相垂直。胶合板充分合理地利用木材并改善了木材性能，由于其结构的合理性和生产过程中的精细加工，克服了木板材翘曲变形的缺陷，提高了板材的物理、力学性能。

20 世纪 60 年代左右由冲浪运动演变而成的滑板运动，今天依然受到广大年轻人的喜爱。滑板的板面一般选用枫木多层板胶合压缩而成，如图 6-9 所示，现大多采用冷压工艺，即不用添加胶合物而直接将木片进行压缩，该方法更为先进，制出的产品性能更好。板面具有很高的强度、冲击韧性及良好的弹性，当从一定高度跳上滑板时，踏板不会受到损坏。

图6-8　胶合板

图6-9　滑板

5）指接板

指接板由多块木板拼接而成，上下不再黏压夹板。由于竖向木板间采用锯齿状接口，类似两手的手指交叉对接，故称指接板（见图6-10）。指接板与细木工板的用途一样，但在生产过程中用胶量很少，所以是相对细木工板更为环保的一种板材。现今越来越多的人选用指接板来替代细木工板，多为杉木、松木及橡胶木等木材制成。

图6-10　指接板

人造板材常见的幅面规格为 1220 mm×2440 mm，也有其他规格，其厚度根据不同的板材而不同。刨花板厚度从 8 mm 到 25 mm 不等，常见的是 16 mm 到 19 mm；纤维板厚度从 2 mm 到 25 mm 不等；细木工板厚度有 12 mm、15 mm、18 mm、20 mm 等；指接板常见厚度有 12 mm、15 mm 和 18 mm。

6.2　木材的固有特性

6.2.1　木材的结构

1. 木材切面

从不同的方向锯解木材，可以得到不同的切面。图 6-11 所示为三个典型的切面构造。

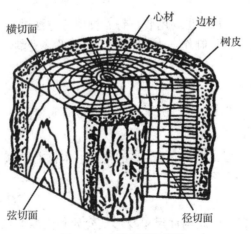

图6-11　木材切面及结构

1）横切面

由垂直于树木生长方向锯开的切面称为横切面（或横断面）。横切面上硬度最大、耐磨损，但易折断、难刨削，加工后不易获得光洁的表面。

2）径切面

沿树木生长方向，通过髓心并与年轮垂直锯开的切面称为径切面。径切面上硬度最小，纹理呈条状且相互平行，径切板材收缩小、不易翘曲、木材挺直、牢固度较好。

3）弦切面

沿树木生长方向，但不通过髓心锯开的切面称为弦切面。在弦切面上形成山峰状或抛物形木纹纹理，花纹美观但易翘曲变形。

2. 木材基本结构

宏观上木材由树皮、木质部和髓心组成。由其横切面上可以看出，靠近树皮的部分材色较浅，水分较多，称为边材；在髓心周围部分，材色较深，水分较少，称为心材。围绕着髓心构成的同心圆称为生长轮（见图6-11）。温带和寒带树木一年仅形成一个生长轮即年轮。在同一年轮内，生长季节早期所形成的木材，胞壁较薄，形体较大，颜色较浅，材质较松软，称为早材（春材）；到秋季形成的木材，胞壁较厚，组织致密，颜色较深，材质较硬，称为晚材（秋材）。

6.2.2 木材的特性

1. 物理和力学性能

木材由疏松多孔的纤维素和木质素构成。树种不同，其密度一般在 $0.3 \sim 0.8\,\mathrm{kg/m^3}$ 之间，比金属、玻璃等材料的密度小得多，因而质轻坚韧，并富有弹性。木材纵向（生长方向）强度大，是有效的结构材料，但其抗压、抗弯曲强度较差。

2. 具有调湿特性

木材由许多长管状细胞组成，能吸收空气中的水分，空气干燥时，木材也能释放出水分，因此木材在一定温度和相对湿度下，对空气中的湿气起平衡、调节作用。

3. 易加工和涂饰

木材易锯、刨、切、打孔，也易用胶、钉、榫眼等方法进行牢固地接合，造型复杂的木材制品采用简单的工具就可制作。木材的管状细胞吸湿受潮，所以对涂料的附着力强，易于着色和涂饰。

4. 具有一定的可塑性

木材蒸煮后可以进行切片，在热压作用下可以弯曲成型。

5. 导热、导电性能差

木材的导热性能差，适合制作加热器具的把手。木材电导率小，可做绝缘材料，但随着含水率增大，其绝缘性能降低。

6. 易变形、易燃

木材由于干缩湿胀容易引起构件尺寸及形状变异和强度变化，因而存在开裂、扭曲、翘曲等弊病。木材的着火点低，容易燃烧。

7. 各向异性

各向异性是指木材在不同方向上的性能存在差异，例如，在顺纹方向和横纹方向上，木材的抗拉强度、抗压强度不同。木材顺纹抗拉强度是指木材沿纹理方向承受拉力荷载的最大能力，横纹抗拉强度是指垂直于木材纹理方向承受拉力荷载的最大能力。木材由管形细胞构成，每个细胞都好像一根管柱，沿纵向排列，所以木纤维纵向联结最强，顺纹抗拉强度最高。木材顺纹受到压力后，在压力达到一定程度时细胞壁向内翘曲然后破坏。木材横纹抗压强度较弱，依荷载作用于年轮的方向，分为弦向抗压和径向抗压，外力相切于年轮的方向为弦向，垂直于年轮的方向为径向。木材横纹受压时，管形细胞容易被压扁，所以强度仅为顺纹抗压强度的 1/8 左右。

6.2.3　木材的视觉特性

1. 木纹

木材纹理赋予了木材生活的气息。木材纹理由年轮构成，宽窄不一的年轮记载了自然环境、气候变化及树木的生长。木材锯切方向不同会形成不同的纹理，如图 6-12 所示为横切面所形成的年轮纹理，同时由于树种、生长条件等不同，经旋切、刨切等不同方法会形成不同的纹理，表 6-1 表示了不同红木品种的木材纹理。

此外，木材本身所具有的一些不规则的缺陷，如节子、树瘤等，也增加了木材材质的情趣，如图 6-13 所示为有木节及无木节两种板材的对比，其质量好坏不能完全按有无木节来衡量。

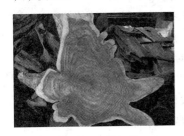

图6-12　木材年轮

（a）有木节

（b）无木节

图6-13　有木节板材及无木节板材

2. 色彩

通常人们在选择或设计木质家居产品时，首先考虑的是木材的色彩，因此色彩是决定对木材印象最重要的因素。木材的色彩非常丰富，具有较广泛的色相，从洁白如霜的云杉到漆黑如墨的乌木，但大多数木材的色相均聚集在以橙色为中心的从红色至黄色的某范围内，以暖色为基调，再结合木材纹理，给人一种自然、亲切及温暖的感觉。彩图 6-14 所示为部分木材的色彩及纹理。

6.3　木材的工艺特性

6.3.1　木材的成型加工

1. 木材的加工流程

（1）配料：一件木制品是由若干构件组成的，按照图纸规定的尺寸和质量要求，将成材或人造板材锯割成各种规格毛料的加工过程称为配料。

（2）构件加工：经过配料后，对毛料进行平面加工、开榫、打孔等，加工出具有所需要的形状、尺寸、结构和表面粗糙度的木制品构件。

（3）装配：将加工好的木制品构件按技术要求及一定的连接方式装配成木制品的过程。

（4）表面涂饰：木制品的表面涂饰通常包括木材的表面处理、着色和涂漆等工序，其目的是提高制品表面质量和防腐能力，增强制品的外观效果。

2. 木材构件加工方法

1）木材切削加工

木材的切削加工包括锯割、刨削、凿削、铣削、车、钻及数控加工等方法（见图6-15），下面介绍木材常用的切削方法及使用的工具。

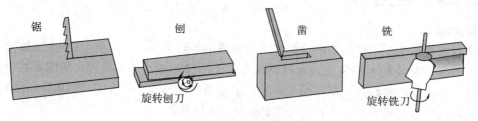

图6-15　木材的切削加工

（1）锯割：木材的锯割是按设计要求将尺寸较大的原木、板材或方材进行开板、分解、截断等操作，它是木材成型加工中用得最多的一种方法。

木材锯割使用的工具主要包括手工锯（见图6-16）、手持式电动锯（见图6-17、图6-18）和锯割机床。其中，手工锯按其结构可以分为框锯、刀锯、横锯、侧锯、板锯、狭手锯、钢丝锯等，其中最常用的是框锯和刀锯；手持式电动锯包括电圆锯、电链锯、电动刀锯及电动曲线锯等；锯割机床一般可分为带锯机和圆锯机两大类。带锯机是将一条带锯齿的封闭薄钢带绕在两个锯轮上，使其高速移动，实现木材的割锯。在这种机床上不仅可以沿直线锯割，还可实现一定的曲线锯割。圆锯机是利用高速旋转的圆锯片对木材进行锯割的机床，其结构简单，安装容易，操作和维修方便，生产效率高，因此应用广泛。

图6-16　手工锯　　　　图6-17　手持式电圆锯　　　　图6-18　手持式电动曲线锯

（2）刨削：刨削是木材加工的主要工艺方法之一。木材经锯割后的表面一般较粗糙且不平整，因此必须进行刨削加工，以获得尺寸和形状准确、表面平整光洁的构件。

木材刨削加工是利用与木材表面成一定倾角的锋利刨刀刃口与木材表面的相对运动，使木材表面的薄层剥离，完成木材的刨削加工。

刨削使用的工具主要包括木工刨、手持式电刨和刨削机床。木工刨（见图6-19）是常用的手工工具；手持式电刨（见图6-20）是由单相串励电动机经传动带驱动刨刀进行刨削作业的手持式电动工具，可进行各种木材的平面刨削、倒棱和裁口等作业；刨削机床（见图

6-21）是通过刀轴带动刨刀高速旋转来进行切削加工的。

图6-19　木工刨

图6-20　手持式电刨

图6-21　刨削机床

（3）凿削：木制品构件间结合的基本形式是框架榫孔结构，在木制品构件上开出榫孔的凿削，是木制品成型加工的基本操作之一。

木材凿削加工是利用凿子的冲击运动，使锋利的刃口垂直切断木材纤维而进入其内，并不断排出木屑，逐渐加工出所需的方形、矩形或圆形的榫孔。

木材凿削加工使用的工具主要包括木工凿和榫孔机。木工凿（见图 6-22）按刃口形状分为平凿、圆凿和斜凿，其中平凿用得最多；榫孔机（见图 6-23）的类型很多，木制构件的榫孔是由空心插刀的上下往复运动与插刀内钻头的旋转运动（钻削）联合加工形成的。

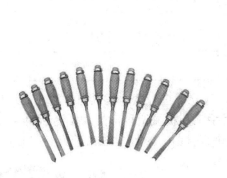
图6-22　木工凿

图6-23　木材榫孔机

（4）铣削：木材制品中的各种曲面构件，其制作工艺比较复杂，一般在木工铣削机床上进行。木工铣床是一种万能性设备，它能完成各种不同的加工，可用来进行裁口、起线、开槽等直线成型表面加工和平面加工，但主要用于曲线外形加工。此外，木工铣床还可以用作锯削、开榫和仿形铣削等多种作业，它是木材制品成型加工中不可缺少的设备之一。

（5）计算机数控切割（CNC 切割）：计算机数控切割是将切削刀头安装在一个绕着六个旋转轴的头部，通过计算机控制刀具完成不同形状的木制品雕刻，其工艺精确、省力、效率高。

2）木材弯曲加工

木材弯曲是将方材软化后，在弯曲力矩作用下将其弯曲成所要求的曲线形状。木材弯曲加工，主要包括选材、毛料加工、软化处理、加压弯曲、干燥定型、弯曲件切削加工及表面修整等工序。

（1）选材：根据弯曲件的厚度、曲率半径、木材软化处理方式、家具用材要求等因素，选择合适的材种。木材必须没有节疤与裂纹，应有直的纹理。弯曲性能较好的树种，阔叶材有榆木、柞木、水曲柳、山毛榉、桦木等，针叶材以松木与云杉较好；而白蜡树、桦树、橡树、胡桃木与紫杉木等都可以进行蒸汽弯曲加工。另外，木材弯曲加工时对含水率要求较高。为此，要求未进行软化处理的木材，其含水率为 10% ～ 15%；进行蒸煮软化处理过的木材，其含水率应为 25% ～ 30%；经高频介质加热软化的木材，其含水率为 10% ～ 12%。

（2）毛料加工：木材经挑选配料成所需规格的毛料后，进行刨光和截断加工。木材表面经刨光后，若有斜纹、腐朽、节子等缺陷，则会清楚地显露出来，应准确地进行剔除。

（3）软化处理：为了改善木材的弯曲性能，增加塑性变形，需在弯曲前进行软化处理。软化处理是将木材加热，注入增塑剂，以改善木材的弯曲性能。在软化处理中，水是一种有效的增塑剂，木材在水的作用下，体积膨胀，当木材的含水率等于其纤维饱和点时，体积膨胀达到最大，是木材弯曲的最佳状态。氨和尿素也是很有效的增塑剂，可适当采用。表 6-3 为木材的软化处理方法。

表 6-3　木材的软化处理方法

木材软化处理	物理方法	水热软化处理	水煮软化处理
			蒸煮软化处理
		高频介质加热软化处理	
	化学方法	氨塑化软化处理	
		尿素塑化软化处理	

（4）加压弯曲：木材经软化处理后，应立即进行弯曲，以防时间较长降低塑性，影响弯曲效果。木材加压弯曲的方法可分为手工和机械两种形式。如图 6-24 所示为手工弯曲方式，大批量的木材弯曲，需采用机械进行弯曲，如图 6-25 所示为一环形曲木机。

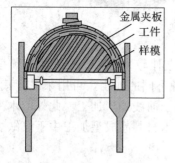

图6-24　手工弯曲方式

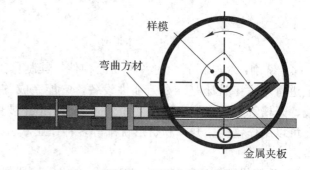

图6-25　环形曲木机

（5）干燥定型：木材弯曲后具有较大的内应力，特别是经过水热处理的木材，回弹性较大，如果木材加压弯曲后立即松开，就会在弹性回复的作用下而伸直。因此，必须对弯曲木材进行干燥处理，以保持弯曲零件尺寸与形状的稳定性。

弯曲木材干燥定型的方式有定型架干燥定型、连同夹具一起干燥定型及在曲木机上干燥定型。定型架是一个具有跟弯曲木材相同形状的架子，把弯曲好的木材从样模上卸下来，插入定型架中，送入干燥室进行干燥。连同夹具一起干燥定型是指木材弯曲后即用拉杆固定，并连同金属夹板与样模一起从曲木机上卸下，送入干燥室进行干燥。

最后，对弯曲件进行钻、铣、雕刻等一系列切削加工及表面修整，以满足工艺要求。

彩图6-26所示的椅子是马克·纽逊为"小说之家"展览馆设计的，用蒸汽弯曲来制作出柔和的线条形状，其中每一块山毛榉木都根据其半径的需要而单独加工；彩图6-27所示的"Laminated Chair"（层压椅）是丹麦设计师格瑞特·杰克（Grete Jalk）1963年设计的，和同时期的压模胶合板椅子相比是一个大跃进，由于造型和结构上太过前卫，当时仅生产了300件。椅子由两部分组成，采用钢钉装配，每部分经过切割后采用热弯曲加工成型，其胶合板被弯曲成空前的程度，转角半径小，承载强度大，造型变化优美。

6.3.2　木材连接与装配

大部分木制品由多个木制构件按一定的连接方式装配而成。木制品的连接方式很多，常见的有榫接合、胶接合、钉接合和连接件接合。

1. 榫接合

榫接合是木制品最常用的一种接合方式，是指榫头嵌入榫眼或榫槽的接合。榫接合是中国传统的接合方式，接合时通常都要施胶，以增加接合强度。如图6-28所示为榫的结构，榫可以分为不同的类型。

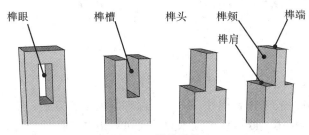

榫眼　　榫槽　　榫头　　榫颊　　榫端
　　　　　　　　　　　　　　榫肩

图6-28　榫的结构

1）按照榫头形状分类

按照榫头形状可将榫分为直角榫、燕尾榫、圆榫和椭圆榫，如图6-29（a）所示。采用圆榫接合时，为了提高制品的强度和防止构件的扭动，需用两个以上的圆榫。

2）按榫头数目分类

按榫头数目可将榫分为单榫、双榫和多榫，如图6-29（b）所示。增加榫头的数目就能增加胶层面积，可提高榫接合的强度。一般方材接合多采用单榫和双榫，如桌、椅的框架接合；板材的接合多采用多榫，如木箱、抽屉等。

3）按榫肩数目分类

对于单榫来说，根据榫头的切肩数量多少又可分为单面切肩榫、双面切肩榫、三面切肩榫和四面切肩榫，如图6-29（c）所示。

4）按榫接合后能否看到榫头的侧边分类

按榫接合后能否看到榫头的侧边，将榫分为开口榫、半开口榫和闭口榫，如图6-29（d）所示。直角开口榫加工简单，但强度欠佳且结构暴露；闭口榫接合强度较高，结构隐蔽；半开口榫介于开口榫与闭口榫之间，既可防榫头侧向滑动，又能增加胶合面积，部分结构暴露，兼有前二者的特点。

5）按榫接合后榫头是否贯通分类

按榫接合后榫头是否贯通可分为明榫（榫头贯通）接合与暗榫（榫头不贯通）接合，如图6-29（e）所示。明榫榫端外露，接合强度大；暗榫榫端不外露，接合强度弱于明榫。一般家具，为保证其美观性，多采用暗榫接合，但在受力较大的非透明涂饰制品中可采用明榫接合，如沙发框架及床架等。

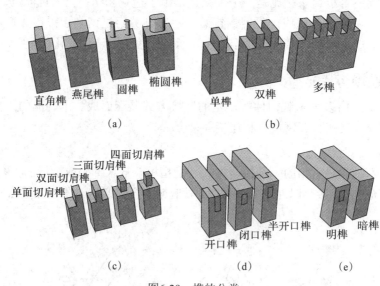

图6-29　榫的分类

2. 胶接合

胶接合是指单独用胶来接合构件，而不需附加其他接合方式。胶接合可以做到小材大用、短料长用、劣材优用，既可以节约木材，又可以提高制品的强度和表面质量。胶接合在家具生产中的应用越来越广，如窄料拼宽或胶厚、覆面板胶合与封边、细木工板胶合、薄木及装饰板的胶贴等。此外，还经常用于不宜采用其他接合方法的场合，如产品商标、泡沫塑料、金属材料等与木材的胶贴。

3. 钉接合

钉接合是指将两个木制构件直接用钉接合在一起，包括采用圆钢钉、螺钉、竹钉及木钉的接合。钉接合生产效率高但接合强度小，钉的帽头露在外面不美观，在家具制造中，常使用钉接合与胶接合配合的方法，钉接合操作简便，但容易破坏木材，属于不可拆接合。采用电动射钉枪或气动射钉枪来完成钉接合可避免帽头露在外面。

4. 连接件接合

连接件接合是利用特制的各种连接件将木制品的各构件连接并装配成产品。连接件可以由不同的材料制成，如金属、塑料、木材等。利用连接件接合的家具可反复拆装而不影响其接合强度，简化了家具的结构和生产工艺，使得家具的包装、运输及储存更加方便。

连接件的种类繁多，常见的有直角式、螺旋式、偏心式等类型，广泛用于家具的接合。

1）直角式连接件

直角式连接件又称角尺式连接件，其特点是安装于制品内部，不影响制品外观，通过螺钉或螺栓穿过直角件将木制构件接合起来，安装方便，价格低廉，常用于各种板式柜的装配。图6-30所示为一种直角式连接件接合。

2）螺旋式连接件

螺旋式连接件由螺栓和螺母组成，将螺母预埋在一块板的孔中，然后将螺栓从另外一个构件对应的孔中拧入螺母内。此连接方式牢固，但螺栓端部暴露在外部，影响美观，如图6-31所示。

3）偏心式连接件

偏心式连接件是利用偏心螺母和预埋件通过拉杆把两个构件连接在一起，如图6-32所示。其结构特点是拆装方便、灵活，接合强度大，不影响外观，但加工装配孔较复杂，精度要求高。

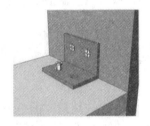 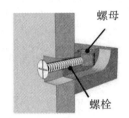 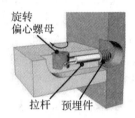

图6-30　直角式连接件　　　图6-31　螺旋式连接件　　　图6-32　偏心式连接件

6.3.3　木材的表面装饰处理

按木制品最终使用要求和视觉要求一般都要进行表面装饰处理。中国古代早已使用生漆、桐油涂饰木制品，如明代家具除涂饰外，还有雕刻、镶嵌等装饰技术。20世纪40年代后，酚醛树脂涂料开始在一些国家采用，在这之后合成树脂涂料逐渐占主要地位。20世纪60年代陆续出现的新颖贴面装饰材料，又为木材表面装饰的进一步发展提供了条件。现代木材表面装饰处理工艺主要有表面涂饰、表面覆贴和表面机械加工三种。

1. 表面涂饰

木制品制成后一般要进行表面涂饰工艺，涂饰起到保护及装饰木材表面的作用。表面涂饰分为透明和不透明两种，透明涂饰能保持原有木材纹理，且使木材纹理更加清晰、饱满，具有立体感，适用于材质优异、纹理美观、颜色相近或一致的高中档家具；不透明涂饰能遮盖原有木材纹理，使木制品表面被色漆或色漆制作的花纹图案所代替，多用于木纹不规则、本色深浅相差明显的普通家具。

表面涂饰的工艺过程包括：涂底漆、刮腻子、打磨和涂面漆等工序，比较高级的装饰工艺则包括涂底漆、刮腻子、涂中间涂层、打磨、涂面漆、漆面罩光等工序。

1）涂底漆

涂底漆是先用清油或清漆在处理好的木制品表面作封闭处理，然后再用腻子打底找平。

2）刮腻子

刮腻子是涂装前必不可少的工序，即将腻子涂施于底漆上或直接涂施于物体上，用以填平表面上高低不平的缺陷。刮腻子不能提高涂层的保护性能，所以应力求前期的加工消除制品表面的缺陷，做到少刮腻子。

3）中间涂层

中间涂层仅用于装饰性要求高的产品，其功能是保护底漆层和腻子层，增加底漆与面漆之间的结合力，消除底漆层的粗糙度，提高整个涂层的耐水性和装饰性。中间涂层经打磨后能得到平滑的表面。

4）打磨

打磨是为了去除木材表面上的毛刺及杂物，消除工件涂漆面的粗糙度，增强涂层的附着力。打磨是提高涂饰效果的重要工序，在以上的三个工序前、中、后都要进行打磨。

5）涂面漆

最后一层的涂装称为涂面漆。面漆材料及其涂装道数的选择主要取决于制品的外观装饰性和使用条件。较苛刻的产品一般涂 2、3 道面漆，甚至更多的道数，以提高面漆层的光泽、丰满度和装饰保护性能。

6）漆面罩光

漆面罩光指在最后一道面漆上涂清漆，以提高面漆层光泽并增强装饰性。

2. 表面覆贴

用于木材及其制品表面覆贴的方法和材料很多，其中历史最久、应用最广的是单板和薄木贴面，如图 6-33 所示。单板由木材经旋切、半圆旋切、刨切等制成，幅面较大、花纹美观。薄木按厚度可分为厚薄木、薄木和微薄木，厚度大于或等于 0.8 mm 的为厚薄木，厚度大于或等于 0.2 mm 的为薄木，厚度小于 0.2 mm 的为微薄木，微薄木一般比较少见。除天然薄木外，对某些纹理色调比较单调的木材还可通过组合薄木、集合薄木和染色薄木等方法加以人工改制，使纹理多变，色调丰富，不仅可模拟美观的天然花纹，还可组拼成天然木材所没有的纹理。

其他贴面材料还有三聚氰胺装饰板（见图 6-34）、树脂浸渍装饰纸、非浸渍装饰纸、塑料薄膜、金属箔材等，主要用于人造板表面覆贴。

图6-33　产品表面覆贴

图6-34　三聚氰胺装饰板

3. 表面机械加工

木材的表面机械加工装饰一般包括雕刻（见图 6-35）、烙花（见图 6-36）、镶嵌、压花等工艺，是用切削工具或模具对木材制品表面进行装饰性加工，常用的方法有铣沟、刨槽、钻孔、压纹等。

图6-35 雕刻

图6-36 烙花

6.4 新型木材

国内外一些科学家都在致力于研制新型木材,以克服现有木材的缺陷与不足。日本、美国、加拿大等许多国家的科研人员都采取了积极措施,研制出了一批新型木材。

1. 阻燃木材

日本京都大学木材研究所研制成一种不怕火的木材,在抗火材料中添加了无机盐,并把木材先后浸入含有钡离子和磷酸离子的溶液中,使木材内部产生磷酸钡盐的无机层,后洗净晾干。该木材防朽、防白蚁,用这种抗火木材制成的床、家具和墙壁、天花板等,即使房间里地毯着火,也不会被火烧着。

2. 特硬木材

加拿大开发生产的一种比钢还要硬的木材,该木材是把木材纤维经特殊处理,使纤维相互交结,再把合成树脂覆盖在木材表面,然后经微波处理而成。这种新型木材不弯曲、不开裂、不缩短,可用作屋顶栋梁、门窗、车厢板等。

3. 超级木材

加拿大开发出一种用途和钢相同、但价格便宜的超级木材。这种超级木材是将圆木切成板材,再加工成长 2～3 m 的条材,然后用树脂黏合在一起,并用微波进行固化。该超级木材具有传统木材的弹性,抗震性能高,并能取代钢材用于商业和民用建筑。

4. 有色木材

日本推出一种有色木材,它是先将红色和青色的盐基性染料装进软管直接注入杉树树干靠近根部的地方,4 个月后可采伐解板,这时木材从上到下浑然一色,而且永不褪色。制成的家具,无需再油漆美化。

5. 彩色木材

匈牙利一家公司研制成一种彩色木材,它是采用特殊处理法将彩色渗透到木材内部的一种新式材料,锯开就可呈现彩虹般的色彩,因而不需要再上色。这种木材很适用于制造日用品及家具等。

6. 复合木材

日本建材行业和化工行业合作开发出一种 PVC 硬质高发泡材料人造木材,主要原料为聚氯乙烯,并加入适量的耐燃剂,使其具有防火功能。其结构为单性独立发泡体,在发泡体中充满比空气重的惰性气体,使其具有不传导特性,及隔热、隔声、防火、耐用等特点。该木材可取代天然木材，用于房屋壁板、隔间板、天花板和其他装饰材料。

7. 合成木材

日本一家木材公司采用木屑和树脂制成一种合成木材，它既有天然木材的质感，又有树脂的可塑性，其特点是防水性强、便于加工、不易变形、防蛀性能好，是建筑装饰装修和家具制作的优质材料。

8. 增强木材

美国科研人员发明了一种陶瓷增强木材，它是将木材浸入四乙氧基硅烷中（TEOS），待吸足后放入 500℃的固化炉中，该木材既保留了自然木材的纹理，又可接受着色，硬度和强度大大高于原有木材。

9. 陶瓷木材

日本制成的这种陶瓷人造木板，它是以经过高温高压加工而成的高纯度二氧化硅和石灰为主原料，加入塑料和玻璃纤维等材料制成。该木材具有不易燃烧、不变形、不易腐烂、重量轻和易加工等特点，是一种优异的建筑材料。

10. 原子木材

美国研制的这种"原子木材"，是将木料和塑胶混合，再经钴 60 加工处理，由于经塑胶强化后的木材比天然木材的花纹和色泽更为美观，并且容易锯、钉和打磨，用普通木工工具就可对其进行加工。

11. 浇铸木材

日本一家公司研制出一种液体化学木材，它由木屑、环氧树脂、聚氨酯浇铸成型，该木材不需要作精细加工，就具有天然木材一样的木纹和光泽，而且成本比天然木材低。

12. 化学木材

日本东京通用化工公司研制成功一种可注塑成型的化学木材。该木材是用环氧树脂、聚氨酯和添加剂配合而成，在液态时可注塑成型，固化后则形成制品形状。其物理化学特性和技术指标与天然木材一样。同时可锯、刨、钉等加工，成本只有天然木材的 $25\% \sim 30\%$。

13. 耐温木材

挪威研制出一种新的耐高温阻燃木材。该木材是由松木和云杉木经过特殊浸泡加工制成的，在 1000℃高温下半小时内既不会着火，也不会使火蔓延。

14. 人造木材

英国科研人员开发出一种用聚苯乙烯废塑料制成的人造板材。该木材是将聚苯乙烯废塑料压碎、加热，再加入固化剂、黏合剂等 9 种添加剂，制成仿木材制品，其外观、强度及耐用性等均可与松木媲美。

6.5　木材运用案例

木材由于其优异的性能及良好的质感，在产品设计中得到广泛应用，主要用于家具、乐器、体育用品、家用电器、日用品及电子产品等，随着科学技术的不断发展，木材应用的领域也在不断扩大，下面介绍一些木材运用的典型案例。

1. 拜伦扶手椅（见彩图6-37）

胡桃木和它那著名的果实一样，因为具有非常自然的装饰性的品质而闻名。从安娜女王的家具到现代奢华轿车的内部装饰，胡桃木是人们最喜欢的木材之一。拜伦扶手椅采用胡桃木方材通过榫接装配而成。

2. 红蓝椅（见彩图6-38）

红蓝椅是荷兰风格派的代表人物之一、家居设计师兼建筑设计师——赫里特·托马斯·里特维尔德（Gerrit Thomas Rietveld，1888—1965）最广为人知的设计作品。这把椅子整体都是木结构，13根木条互相垂直，组成椅子的空间结构，各结构间用螺丝紧固而非传统的榫接方式，以防损坏结构。这把椅子最初被涂以灰黑色，后来里特维尔德通过使用单纯明亮的色彩来强化结构，就产生了红色的靠背和蓝色的坐垫，称之为红蓝椅。

3. "迷题"扶手椅（见彩图6-39）

"迷题"扶手椅是由美国大卫·奎克（Davod Kawecki）设计的。它采用了桦木胶合板，椅子的设计分成7个部件，这些部件通过激光切割工具从一块平板上切割下来，在每个部件上都设置有精确的接口，供用户插接组装。

4. "灰姑娘"木桌（Cinderella Table，见彩图6-40）

"灰姑娘"木桌由荷兰设计师杰罗恩·费尔霍芬（Jeroen Verhoeven）设计，具有洛可可风格。其传统的设计通过现代的科技手段来实现，即借助CAD-CAM（计算机辅助设计和计算机辅助制造）技术分成57片，每片厚80 mm，共741层胶合板通过CNC（数控加工中心）加工，最后对所有的切片进行手工组装完成。

5. 咖啡桌（见彩图6-41）

随着设计品味越来越精细，独特柔和淡雅的线条更能打动人心，法国家具品牌设计了一系列多功用且风格迥异的咖啡桌。该咖啡桌融合了北欧的简约哲学与日本的素净传统，精心搭配的色调与材质为这些设计赋予了清新可人的自然风情，让小巧玲珑的咖啡桌可随时变身为可供全家人团聚的宽敞餐桌。

6. 库米（KOOMEE）彩木眼镜框架（见彩图6-42）

这款彩木眼镜出自香港品牌库米（KOOMEE），设计师Tsing Lee坚信潮流不应是格式化、单一性的，现代与复古、细腻与粗犷、竹木与板材，无时无刻不在碰撞中演绎着潮流。库米眼镜以原创为设计主题，融入源于大自然的实木和竹子，配合靓丽的板材，将不拘格式的理念倾入镜架之中，彩木眼镜框架清晰地透露出这些元素。木质皮料与板材的结合、木纹板材和胶臂的混搭、绒面与板材的混搭，让眼镜框架正面和侧面营造出不同的视觉感受，更加夺目。

7. Hacoa木制品（见彩图6-43、彩图6-44）

Hacoa是一个致力于生活用品的日本原创品牌，尊重传统，同时也紧跟时代科技。它以木头为原材料，根据木材的种类，不同颜色和机理的搭配，以及多元化的表面处理工艺，设计并研发木质材料应用到诸如数码用品、家居、办公文具等一系列产品中。木头本身漂亮的色泽纹理及温润质感让人爱不释手，通过数码产品又体现出了无穷的乐趣和对市场空间的挖掘。

8. 贝尔(Bell)音箱(见彩图 6-45)

Bell 音箱的设计师 Matthew Higgins 最早的创作理念来自于老式的留声机喇叭外形。它选用整块木料通过掏取的做工技术加工而成，外观看起来很有复古风范，底部设计了金属底托，与整体形成强烈的对比，同时让音箱更加稳固。

第7章 工业陶瓷及其加工工艺

陶瓷是指用天然或人工合成的化合物经过成型和高温烧结而成的一类无机非金属材料，它被称为"土与火的艺术"，是古代文明的象征和载体。工业陶瓷指工业生产及工业产品用陶瓷，其应用遍及国民经济的各个领域，既可作为普通陶瓷的材料，也可作为结构材料和一些特殊性能的功能材料，如彩图7-1所示。陶瓷材料具有其他造型材料难以比拟的特点，可以承受金属或高分子材料难以胜任的严酷工作环境，具有广泛的应用前景，成为继金属材料、高分子材料之后支撑21世纪支柱产业的关键基础材料，并成为最为活跃的研究领域之一，当今世界各国都十分重视它的研究与发展。

7.1 常用的工业陶瓷

陶瓷制品的品种繁多，其矿物组成、物理性质以及制造方法十分接近且相互交错，界限模糊，国际上至今还没有严格统一的陶瓷分类方法。下面按照工业陶瓷的用途、所用原料及坯体的致密度来介绍常用的工业陶瓷材料。

7.1.1 工业陶瓷按用途分类

按照用途，工业陶瓷可分为普通陶瓷与特种陶瓷。虽然它们都是经过高温烧结而合成的无机非金属材料，但其在所用粉体、成型方法、烧结温度及加工要求等方面却有着很大区别。

1. 普通陶瓷(传统陶瓷)

普通陶瓷来源丰富，成本低，采用天然原料如长石、黏土和石英等烧结而成，是典型的硅酸盐材料，其主要组成元素是硅、铝、氧(这三种元素占地壳元素总量的90%)。普通陶瓷按用途和性能特征可分为：

(1) 日用陶瓷：日常生活中的生活用瓷，如餐具、茶具、咖啡具、酒具等。

(2) 工艺陶瓷：具有欣赏、收藏价值的陶瓷制品，如陈设品、雕塑品、园林陶瓷等。

(3) 建筑陶瓷：房屋、道路、给排水和庭园等各种土木建筑工程用的陶瓷制品，如卫生陶瓷、地面及内外墙砖瓦、输水管道等。

(4) 电工瓷：各种电工用陶瓷制品，包括绝缘用陶瓷和半导体陶瓷，如电机用套管、支柱绝缘子、低压电器和照明用绝缘子、电子通信用绝缘子等。

(5) 化工陶瓷：如用于各种化学工业的耐酸容器、管道、塔、泵、阀以及耐酸砖等。

2. 特种陶瓷(现代陶瓷)

特种陶瓷是采用高纯度人工合成的化合物或者具有特殊性能的原料，利用精密工艺成型烧结制成的一类先进陶瓷或新型陶瓷。特种陶瓷是随着现代航空、冶金、机械、化学、原子能、电器等工业以及计算机、空间技术、新能源开发等尖端科学技术的飞跃发展而发展起来的，具有力学、光、声、电、磁、热等特殊性能。表 7-1 所示是特种陶瓷的分类。

表 7-1　特种陶瓷的分类

分类方法	陶瓷种类
化学成分	纯氧化物陶瓷：SiO_2、Al_2O_3、ZrO_2、MgO、CaO、BeO、ThO_2等
	非氧化物系陶瓷：碳化物、硼化物、氮化物和硅化物等
性能特征	高温陶瓷、超硬质陶瓷、高韧陶瓷、半导体陶瓷、电解质陶瓷、磁性陶瓷、导电性陶瓷等
应用	结构陶瓷：高温陶瓷、透明陶瓷、氮化硅陶瓷、碳化硅陶瓷、氮化硅高强度陶瓷、精密陶瓷等
	功能陶瓷：用于制作导电、半导体、介电、压电、绝缘等的电子陶瓷材料；用于制作电容器、电阻器、电子工业中的高温高频器件、变压器等电子零件；利用陶瓷的光学性能制造的固体激光材料、光导纤维、光储存材料及各种陶瓷传感器；还有压电材料、磁性材料、基底材料等

表 7-2 列出了普通陶瓷和特种陶瓷在原料、坯料成型、烧结、加工等方面的主要区别。

表 7-2　普通陶瓷和特种陶瓷的区别

项目	种类	
	普通陶瓷	特种陶瓷
原料	天然矿物原料	人工精制合成原料（氧化物和非氧化物两大类）
坯料成型	注浆、可塑成型为主	注浆、压制、热压注、注射、轧膜、流延、等静压成型为主
烧结	温度一般在1350℃以下，燃料以煤、油、气为主	结构陶瓷常需1600℃左右高温烧结，功能陶瓷需精确控制烧结温度。燃料以电、气、油为主
加工	一般不需加工	常需切割、打孔、研磨和抛光
性能	以外观效果为主	以内在质量为主，常呈现耐温、耐磨、耐腐蚀和各种敏感特性
用途	炊具、餐具、工艺品、电工瓷	主要用于航天、能源、冶金、交通、电子、家电等行业

7.1.2　工业陶瓷按所用原料及坯体的致密度分类

1. 粗陶

粗陶是用一种易熔黏土制造的最原始、最低级的陶瓷器，如建筑材料中的青砖，即用含有 Fe_2O_3 的黄色或红色黏土为原料烧结而成。有时为减少收缩，可以在黏土中加入熟料或砂。

2. 精陶

精陶按坯体组成的不同分为黏土质、石灰质、长石质、熟料质等四种。黏土质精陶接近普通陶器；石灰质精陶质量不及长石质精陶；长石质精陶又称硬质精陶，是陶器中最完美和使用最广的一种，很多国家用来大量生产日用餐具（杯、碟、盘等）及卫生陶器以代替价格昂贵的瓷器；熟料精陶是在精陶坯料中加入一定量熟料，目的是减少收缩，避免废品，这种坯料多应用于大型和厚胎制品（如浴盆、大的盥洗盆）等。

3. 炻器

炻器在我国古籍上称"石胎瓷"，其坯体致密，完全烧结接近瓷器，但未玻化，仍有2%以下的吸水率。坯体不透明，呈白色，多数在烧后呈现颜色，所以炻器对原料纯度的要求不及瓷器那样高，原料易得。炻器具有很高的强度和良好的热稳定性，很适应于现代机械化洗涤，能适应从冰箱到烤炉的温度急变，因此炻器具有更大的销售量。

4. 半瓷器

半瓷器的坯料接近于瓷器坯料，但烧后仍有3%～5%的吸水率（真瓷器吸水率在0.5%以下），其使用性能不及瓷器，比精陶则要好些。

5. 瓷器

瓷器是陶瓷器发展的更高阶段。其坯体已完全烧结和玻化，致密度好，可用来制造高级日用器皿、电瓷、化学瓷等。

6. 软质瓷

软质瓷的熔剂较多，烧成温度较低，其机械强度、热稳定性不及硬质瓷，但其透明度高，富于装饰性，所以多用于制造艺术陈设瓷。

7.2　工业陶瓷的固有特性

工业陶瓷相对其他造型材料具有不可比拟的优点，如高熔点、高硬度、高耐磨性、耐氧化、良好的高频特性、无毒副作用等，但其高脆性和低可靠性的缺点，限制了其在很多场合中的应用。改进陶瓷材料的缺点、向多功能化发展是陶瓷材料研究的发展趋势。

1. 机械性质

（1）强度：陶瓷材料具有较高的抗压和抗弯强度、较低的抗拉强度。由于陶瓷材料的组织中存在晶界和气孔等缺陷，实际陶瓷材料的强度比理论强度低得多。

（2）刚度：陶瓷材料的刚度在各类造型材料中最高。

（3）韧性：陶瓷的表面和内部由于如划伤、化学侵蚀、热胀冷缩不均等各种原因很容易产生裂纹，是典型的脆性材料。

（4）硬度：陶瓷在各类造型材料中硬度最高，表7-3所示为常见造型材料的硬度对比。陶瓷的硬度随着温度的升高而降低，但在高温下硬度依然很高。

表7-3　常见造型材料的硬度对比

材料	工业陶瓷			其他造型材料		
	氧化铝瓷	碳化钛瓷	金刚石	铝合金	塑料	钢
硬度（HV）	～1500	～3000	6000～10000	～170	～17	300～800

2. 热性质

（1）导热性：陶瓷的热传导主要依靠原子的热震动，没有自由电子的传热作用，同时内部组织的气孔不利于传热，所以陶瓷导热性不及金属，多为较好的绝热材料。

（2）热稳定性：陶瓷的热稳定性比金属低很多，比如日用陶瓷热稳定性约为220℃。

（3）热胀性：陶瓷材料的热膨胀系数最小，高温抗蠕变能力强。

3. 其他性质

（1）导电性：陶瓷的导电范围很广。大多数陶瓷为绝缘体，也有不少陶瓷是半导体（陶瓷是重要的半导体材料），有的陶瓷为超导体。

（2）光学性质：陶瓷通常是透明和半透明的，这一性质在产品设计中应用较广，尤其在光学领域有着重要的应用。绝大部分陶瓷在外观色彩上均为纯正的白色，用釉装饰后的陶瓷表面具有良好的光泽度，如日用陶瓷、高档的茶具等。

（3）化学稳定性：一般陶瓷材料具有良好的耐酸、碱、盐性能，与许多金属的熔体不发生反应，具有很好的耐火性和不可燃性。

（4）气孔率及吸水率：气孔率和吸水率是陶瓷的特有性质。气孔率是衡量陶瓷质量和工艺制度是否合理的重要指标，吸水率可反映陶瓷是否烧结和烧结后的致密程度。

7.3 工业陶瓷的工艺特性

7.3.1 陶瓷制品的生产流程

陶瓷的成型不同于金属、塑料制品，需要经过特殊的生产流程制成。图7-2为陶瓷制品的生产流程。

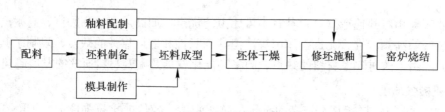

图7-2 陶瓷制品的生产流程图

1. 配料

配料是按照瓷料的组成配方，将所需各种原料经过精选、淘洗进行称量配料，是陶瓷工艺中最基本的一环。称料务必精确，因为配料中某些组分加入量的微小误差也会影响到陶瓷材料的结构和性能。

2. 坯料（釉料）制备

配料后应根据不同的成型方法，混合制备成不同形式的坯料，如用于注浆成型的水悬浮液，用于热压注成型的热塑性料浆，用于挤压、注射、轧膜和流延成型的含有机塑化剂的塑性料，用于干压或等静压成型的颗粒粉料。混合一般采用球磨或搅拌等机械混合法。另外还要根据实际需要，制备釉料和工作模具。

3. 坯料成型

坯料成型技术与方法对陶瓷制品的性能具有重要意义。坯料成型就是将制备好的坯料用各种工艺方法制成一定形状和尺寸的坯件(生坯)。由于陶瓷制品品种繁多,在性能、形状、规格、厚薄、产量等方面要求不一,所用坯料性能各异,因此采用的成型方法各种各样,如注浆法、注射法等,经综合分析后确定合理的成型方法。

4. 坯体干燥

坯体干燥是为了提高坯件强度,以免在搬运和再加工过程中受损和变形,同时提高坯件吸附釉彩的能力。干燥方法有自然空气干燥、热空气干燥、辐射线干燥、微波干燥等。

5. 修坯施釉

干燥后的坯件进行修坯、入窑素烧,再经过精修、施釉,进行釉烧备用。

6. 窑炉烧结

窑炉烧结是对成型坯体进行低于熔点的高温加热,使其内的粉体间产生颗粒黏结,经过物质迁移导致致密化和高强度的过程。只有经过烧结,成型坯体才能成为坚硬的具有某种显微结构的陶瓷制品(多晶烧结体)。

烧结对陶瓷制品的显微组织结构及性能有着直接的影响,是陶瓷制品工艺最重要的一道工序。陶瓷制品烧结后(硬化定型)具有很高的硬度,一般不易加工。对某些尺寸精度要求较高的制品,烧结后可进行研磨、电加工、激光甚至切削等二次加工。

7.3.2　工业陶瓷的成型工艺

按照性能和含水量的不同,工业陶瓷的成型工艺主要分为可塑成型、注浆成型、压制成型三大类,如表7-4所示。

表 7-4　工业陶瓷的成型工艺

工艺类别	成型方法
可塑成型	挤制成型、注射成型、热压铸成型、滚压成型、车坯成型、流延成型、轧膜成型
注浆成型	空心注浆成型、实心注浆成型、强化注浆成型(压力注浆、真空注浆与离心注浆)
压制成型	干压成型、等静压成型(热等静压成型、冷等静压成型)、热压烧结

1. 可塑成型

可塑法成型是最古老也是使用最广泛的成型方法,它是向坯料中加入一定量的水分和塑化剂,形成具有良好塑性的料团,然后利用其可塑性通过手工和机械成型。下面介绍可塑成型常用的方法。

1) 挤制成型

挤制成型是将经真空炼制的可塑泥料置于挤制机(挤坯机)内,只需更换挤制机模具的机嘴与机芯,便可由其挤出口挤压出各种形状、尺寸的坯体。挤制成型适用于加工各种端面形状规则的长尺寸细棒、壁薄管(如高温炉管、热电偶电容器瓷套等)、薄片制品。其管棒直径约 1 ～ 30 mm,管壁与薄片厚度可小至 0.2 mm,可连续批量生产。挤制成型生产效率高,坯体表面光滑、规整度好。但模具制作成本高,且由于溶剂和黏结剂较多,导致烧结收缩大,制品性能受影响。

2) 注射成型

注射成型(Ceramic Injection Molding,CIM)是将陶瓷粉和有机黏结剂混合、加热混炼制成粒状粉料，由注射成型机在 130 ～ 300℃下注射到金属模腔内，经冷却后黏结剂固化而成型。注射成型是粉末注射成型（Power Injection Molding，PIM）技术的一个分支，具有特殊的技术和工艺优势，如可快速自动地进行批量生产，且对其工艺过程可进行精确控制；由于使用流动冲模，其生坯密度均匀；由于使用高压注射，混料中粉末含量大幅度提高，减少了烧结产生的收缩，使得产品尺寸精确可控，无需机械加工或只需微量加工，降低了制备成本；可成型复杂形状、带有侧孔（如汽轮机陶瓷叶片等）、斜孔、凹凸面、螺纹、薄壁（0.6 mm）、难以切削加工的陶瓷异形件，有着广泛的应用前景，如图 7-3 所示为注射成型的陶瓷制品。该成型工艺的缺点是生产周期长，金属模具设计困难，费用昂贵。

3）热压铸成型

热压铸法是 20 世纪 50 年代从苏联传到我国的小尺寸电子陶瓷零件的精密成型技术，是特种陶瓷、尤其是异形陶瓷制品的主要成型工艺，热压铸成型的陶瓷制品如图 7-4 所示。其基本原理是利用石蜡在加热时为液态的特性将其作为溶剂，配制可流动陶瓷蜡料浆，然后用压缩空气将蜡料浆快速压入金属模具中，保压冷凝而得到陶瓷坯体。坯体经适当修整，埋入吸附剂中加热进行脱蜡处理，然后再脱蜡坯体烧结成最终制品。热压铸成型所得陶瓷制品尺寸精度高，几乎不需要后续加工；成型时间短，生产效率高；相比其他陶瓷成型工艺，生产成本相对较低，对生产设备和操作环境要求不高；对于原料适用性强，如氧化物、非氧化物、复合原料及各种矿物原料均适用。

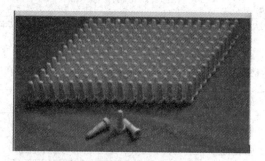

图7-3　陶瓷制品（注射成型）

图7-4　陶瓷制品（热压铸成型）

4）滚压成型

滚压成型是目前使用广泛的成型方法之一。滚压成型时，盛放着泥料的石膏模型和滚压头分别绕自己的轴心以一定的速度同方向旋转，滚压头在旋转的同时逐渐靠近石膏模型，对泥料进行滚压成型。滚压成型分为外滚压（阳模滚压）和内滚压（阴模滚压）两种，如图 7-5 所示。其中外滚压的滚压头决定坯体形状和大小，模型决定内表面的花纹；内滚压的滚压头形成坯体的内部面。滚压成型可制造内外形状较复杂的回转面制品，其制品坯体致密，组织结构均匀，表面质量高。

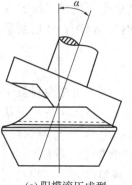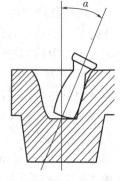

(a) 阳模滚压成型　　　　(b) 阴模滚压成型

α—滚压头倾斜角

图7-5　滚压成型原理

图 7-6 所示是滚压成型的陶瓷制品。

图7-6　滚压成型的陶瓷制品

5）车坯成型

车坯成型是使用挤压出的圆柱形陶瓷泥段作为坯料，在车床上加工成型，常用于加工形状较为复杂的圆形制品。

6）流延成型、轧膜成型

流延成型、轧膜成型用于陶瓷薄膜坯的成型。

流延成型又称带式浇注、刮刀法，是采用陶瓷粉料与黏合剂、增塑剂、分散剂、溶剂等混磨后而形成稳定、流动性良好的料浆，然后让料浆沿容器桶流下，用刮刀以一定厚度刮压涂敷在专用基带上，经干燥、固化后剥下成为生坯带的薄膜，最后根据成品的尺寸和形状需要，对生坯带做冲切、层合等加工处理制成待烧结的毛坯成品。流延成型是陶瓷基片的专用成型方法，适合成型 0.2～3 mm 厚度的片状陶瓷制品，如薄膜混合式集成电路(程控电话交换机、手机、汽车点火器、传真机热敏打印头等)、可调电位器(彩色电视机和显示器用聚焦电位器、玻璃釉电位器等)、片式电阻(网络电阻、表面贴装片式电阻等)、玻璃覆铜板(主要用于大功率电子电力器件)、平导体制冷器及多种传感器的基片载体材料，流延成型生产此类产品具有自动化程度高、效率高、组织结构均匀、产品质量好等诸多优势。

轧膜成型是将粉料和有机黏结剂混合均匀后，倒入两个反向滚动的轧辊上反复进行混练，再经过折迭、倒向、反复粗轧、排除气泡，使黏结剂和粉料充分混合获得均匀一致的膜层，最后逐渐缩小轧辊间的间距进行精轧，从而获得所需的片状坯体(薄膜)。轧膜成型的薄膜厚度可达 10 微米至几毫米，广泛用于厚度在 1 mm 以下的大批量的薄片状制品，如薄膜、厚膜电路基片、圆片电容器等。轧膜成型方法具有膜片厚度均匀、厚度薄(可达 10 μm)、产品烧成温度比干压低 10～20℃、工艺及设备简单、生产效率高等优点，目前已得到广泛的应用。

2. 注浆成型

注浆成型是陶瓷成型中的基本方法，它是将原料配制成浆料注入模具中而形成形状复杂、精度要求不高的陶瓷制品的成型方法。最常用的模具是由石膏制成，因为石膏多孔、吸水性强，可通过吸收陶瓷浆料的水分使得陶瓷干燥成型。近年来也有采用多孔塑料模具。注浆成型适合于制造厚胎、薄壁、形状复杂、体积较大、尺寸要求不严的制品，如洁具、花瓶、茶壶、汤碗等。注浆成型工艺简单，但劳动强度大，不易实现自动化，且坯体烧结后的密度较小，强度较差，收缩、变形较大，所得制品的外观尺寸精度较低，因此性能要求较高的陶瓷一般不采用此法生产。但随着分散剂的发展，均匀性好的高浓度、低黏度浆料的获得，以及强化注浆的应用，注浆成型制品的性能与质量在不断提高。

注浆成型分为空心注浆成型和实心注浆成型两种。为了强化注浆过程，借鉴金属材料的压力铸造、真空铸造、离心铸造等工艺方法，注浆成型也形成了压力注浆、真空注浆、离心注浆等强化注浆方法。如图7-7所示为注浆法的基本原理图。

1）实心注浆

实心注浆是将料浆注入模型，料浆中的水分全部被模型的两个工作面吸收后从而形成坯体的成型方法，如图7-7（a）所示。坯体的外形与厚度取决于两个模型工作面构成的型腔。当坯体较厚时，坯体结构的均匀程度会受到一定影响，靠近工作面处的坯层较致密，远离工作面的部分较疏松。

2）空心注浆

空心注浆是将料浆注入模型后，由模型单面吸浆，当坯体达到要求的厚度时，排出多余料浆而形成空心坯体的成型方法，如图7-7（b）所示。坯体的外形由模型工作面决定，坯体的厚度则取决于料浆在模型中的停留时间。

3）强化注浆

强化注浆是指在注浆过程中人为地对料浆施加外力，加速注浆过程，提高吸浆速度，以便提高坯体的致密度与强度的成型方法，如图7-7（c）所示。

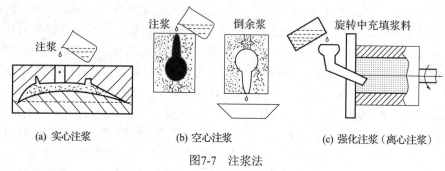

(a) 实心注浆　　　　　　　(b) 空心注浆　　　　　　(c) 强化注浆（离心注浆）

图7-7　注浆法

3. 压制成型

压制成型是指将经过造粒的粒状陶瓷粉料装入模具内直接施压而成型的一种方法。压制成型效率高，易于自动化，制品烧成收缩率小，不易变形。此法适合用于制造形状简单的坯件，如圆片、方片等，但对模具的质量要求高。

1）干压成型

干压成型是指将粒状陶瓷粉料（水的质量 <6%）松散装入模具内，在压机柱塞的外压力作用下，粉料移动、变形、粉碎、逐渐靠拢，挤压排出所含气体，最后形成具有一定形状和尺寸的压坯的一种方法，如图7-8（a）所示。干压成型操作方便，生产周期短，效率高，易于实现自动化。由于坯体含水或其他有机物较少，因此坯体的致密度较高，尺寸较精确，烧结温度低、收缩小，瓷件力学强度高。适宜大批量、形状简单（圆截面、薄片状等）、尺寸较小（高度为 0.3 ～ 60 mm、直径为 5 ～ 50 mm）的工业或建筑陶瓷的生产。其缺点是坯体具有明显的各向异性，所需的设备、模具费用较高。

2）等静压成型

等静压成型是指将待压试样置于高压容器中，利用液体介质不可压缩和均匀传递压力的性质从各个方向对试样进行加压，使瘠性粉料成致密坯体的一种方法，如图7-8（b）所示。等静压成型的制品密度高且均匀，烧结收缩小，不易变形，制品强度高、质量好，适用于形状复杂、体积较大且细长的制品制造。

等静压成型分为冷等静压成型与热等静压成型两种。冷等静压成型是在室温下，采用高压液体传递压力的成型方法；热等静压成型是在高温下，用金属箔代替橡胶膜、用惰性气体代替液体作为压力传递介质的等静压成型方法。热等静压成型是在冷等静压成型与热压烧结的工艺基础上发展起来的，又称热等静压烧结。与热压成型相比，该方法烧结的制品致密均匀，但所用设备复杂，生产效率低、成本高。

3）热压成型

热压成型是指将干燥粉料充填入石墨或氧化铝模型内，再从单轴方向边加压边加热，使成型与烧结同时完成的一种方法，如图7-8(c)所示。由于加热和加压同时进行，陶瓷粉料处于热塑性状态，有利于粉末颗粒的接触、流动，因而减小了成型压力，降低了烧结温度，缩短了烧结时间，容易得到晶粒细小、致密度高、性能良好的制品，但不足是制品形状简单，且生产效率低。

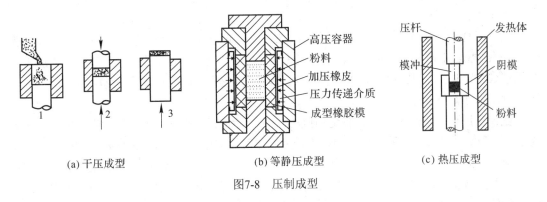

(a) 干压成型　　　　　　　(b) 等静压成型　　　　　(c) 热压成型

图7-8　压制成型

除了以上的成型工艺外，20世纪90年代初期发明的一种新颖的陶瓷成型工艺就是凝胶注模成型（Gel Casting）。该工艺将传统的陶瓷工艺与化学聚合反应巧妙地结合，可制备高强度、高均匀性、形状复杂的陶瓷坯体，具有很好的应用前景。凝胶注模成型就是将有机高分子化学单体(如丙烯酰胺与双甲基丙烯酰胺)、交联剂、引发剂、催化剂混合加入到陶瓷料浆内，然后把料浆注入非孔模具内，用温度诱导有机化学单体发生聚合反应而固化形成坯体的成型工艺。凝胶注模成型与其他成型工艺相比，具有如下特点：使用范围广，对粉体无特殊要求；可制造近净尺寸、形状复杂的坯件；坯体强度高，可进行机械加工；坯件的有机物含量低；坯体和烧结体性能均匀性好；工艺过程易控制；成本低廉。

7.3.3　工业陶瓷的二次加工

陶瓷制品由于烧结收缩率大，通常难以保证烧结后瓷体的尺寸和表面精度，因此大多陶瓷都需要进行二次加工。但工业陶瓷具有高硬度、高强度、脆性大的特性，属于难加工材料。

1. 切割

陶瓷通常采用机械切割法，包括用金刚石锯片或带锯切割，用盘锯、带锯加金刚石磨料或用高速磨料喷射冲击切割，用单粒金刚石切割。

为了提高切割的效率和质量，尤其对一些外形较复杂的坯件，宜采用水力切割来替换机械切割。

2. 磨削

陶瓷大都采用金刚石砂轮进行磨削。根据金刚石磨粉的粒度分为：粗磨 0.25 ～ 0.125 mm（60 # ～ 120 #），半精磨 0.125 ～ 0.075 mm（120 # ～ 180 #），精磨 0.075 ～ 0.04 mm（240 # ～ W40）。磨削时，使用水溶性乳化液或低黏度的油类切削液，防止粉状切屑或脱落的磨粒残留在工件表面上而导致表面划伤和加速砂轮磨损。

3. 研磨和抛光

研磨和抛光是陶瓷材料精密和超精密加工的主要方法，它是通过磨料和工件之间的机械摩擦或机械、化学作用，使工件表面产生微小龟裂、逐渐扩展并从母体材料上剥除，最终达到所要求的尺寸精度和表面粗糙度。当采用细的粒度、软的磨料、低的研磨压力和小的相对速度时，可获得高的表面质量和精度。超精密研磨和抛光时，所用的磨粒直径一般在几微米以下。为防止加工件的氧化或因研磨液中的杂质引起表面划伤，一般要使用蒸馏水或离子水。

除了上述机械加工方法外，陶瓷的二次加工还有化学法（化学抛光、蚀刻）、光化学法（光刻）、电化学法（电解抛光）、电学法（电火花加工、电子束加工、离子束加工、等离子束加工）、光学法（激光加工）。其中机械加工方法的效率更高，在工业中获得了广泛应用，特别是金刚石砂轮磨削、研磨和抛光。

就加工过程而言，陶瓷与金属是相似的，但陶瓷的加工余量大得多。对于金属加工，如考虑热变形和热处理产生的黑皮，精加工余量应尽可能留百分之几毫米；而对于陶瓷加工，精加工余量则需有几毫米甚至十几毫米，因此生产率低，生产成本高。陶瓷加工的另一个问题是加工刀具费用大，陶瓷的切削加工需使用高价的烧结金刚石、CBN 刀具，精加工也是以金刚石砂轮为主，因此在陶瓷市场里刀具费用要高出金属切削所用刀具数十倍至百倍。此外，陶瓷的强度对于加工条件是敏感的，难以实现高效率加工。

7.3.4 陶瓷的表面处理及装饰工艺

1. 表面层改性处理

陶瓷的表面层改性处理主要包括急冷（淬火）和缓冷（退火）处理。

急冷处理是将烧结的陶瓷体从高温急速降至低温的热处理工艺。其目的是保留高温组成，避免在缓冷过程中发生分凝、析晶和相变，使得陶瓷表面产生压应力，提高其抗张强度。

缓冷处理是将烧结的陶瓷体在炉中慢慢冷却，或在高温下长时间保温，以便促使坯料在冷却过程中晶体长大、分凝和相变。其目的是消除陶瓷表面和其内部应力，进行充分相平衡。

2. 表面金属化处理

陶瓷的表面金属化处理通常有三种：

（1）形成金属导电层，如制作瓷介电容器电极、形成金属引出端。

（2）用于陶瓷焊接与密封，如装置瓷的焊接和密封。

（3）形成陶瓷制品的表面金属装饰。常用的金属有 Au、Ag、Pt、Mo、Mn、Ni、Cu 等。其处理方法有烧渗法、化学镀法和真空蒸发等金属膜形成法。

3. 表面施釉处理

陶瓷的表面施釉是将由高质量的石英、长石、高岭土等为主要原料制成的浆料，涂于陶瓷坯体表面烧结成连续玻璃质层的工艺方法。釉并不等于玻璃，二者是有区别的。釉面层具有光亮、美观、不吸湿、不透气、易清洗的特点。通常釉层很薄，大约为零点几毫米，但对陶瓷制品的表面性能、机械性能及化学稳定性能有很大影响。

釉的种类很多，按照外表特征分为透明釉、乳浊釉、光亮油、无光釉、发光釉（见彩图7-9）、结晶釉、有色釉（见彩图7-10）、沙金釉、碎纹釉、珠光釉、光泽釉、花釉、流动釉等。施釉的方法也较多，常用的有浸釉、喷釉、滚釉、浇釉、涂釉等。施釉工艺要根据制品的性能和要求进行选择，釉料选择要保证热膨胀系数、弹性、抗张强度等与瓷体相适应，而且应满足使用条件要求的化学稳定性、无有害物质溶出等。

4. 表面彩绘

表面彩绘就是在陶瓷制品表面用彩料绘制图案花纹，是陶瓷的传统装饰方法。彩绘有釉上彩和釉下彩两种。

釉上彩是在烧好的陶瓷釉上用低温彩料绘制图案花纹，然后在较低温度（600～900℃）下二次烧成。其色调丰富，除手工绘画外，还可以用贴花、喷花、刷花等方法绘制，如彩图7-11所示。釉上彩成本低廉，生产效率高，适合工业化大批量生产。但釉上彩易磨损，表面有凸起感觉，光滑性差，且易发生由于彩料中的铅被酸所溶出而引起的铅中毒。

釉下彩是在陶瓷坯体或素烧釉坯表面进行彩绘，然后覆盖一层透明釉烧制而成，如彩图7-12所示。彩料受到表面透明釉层的隔离保护，彩绘图案不会磨损，彩料中对人体有害的金属盐类也不会溶出。目前国内釉下彩彩料的颜色种类有限，基本上用手工绘制，因而限制了它在陶瓷制品中的广泛应用。

7.4　陶瓷材料的结构工艺性

陶瓷制品的成型方法较多，不同成型方法需对应与其相适应的坯体结构。本节介绍压制成型时陶瓷材料的结构工艺性，如表7-5所示。

表 7-5　压制成型时陶瓷的结构工艺性

序号	结构说明	图　例
1	问题：内部的小孔距离边缘太近，会出现粉料不易装匀、烧后翘曲等问题。 改进：小孔左移，保证距离边缘大于1 mm	
2	问题：成型过程中，尖角会使得粉末移动困难，易发生应力集中、开裂等问题。 改进：尖角改成半径$r>0.25$ mm的圆角	

序号	结构说明	图　例
3	问题：相邻两孔距离太近，导致脱模易断裂。 改进：增大两孔的间距,使得间距$a>0.75d$（直径），为保证强度，保证间距$a>2$ mm	
4	问题：沿压制方向的内部孔没有设计锥度，不便脱模。 改进：内孔锥度设计为$1/100\sim1/50$	
5	问题：坯体台阶的尺寸太小，压制不牢固。 改进：加大台阶尺寸	
6	问题：斜面末端没有设计平台，压制时，带有尖锐的末端会损坏冲模。 改进：斜面末端设计平台	
7	问题：坯体厚度不均匀，烧结后容易产生缺陷。 改进：厚度调整均匀	
8	问题：若宽底的坯体厚度一致，则烧结后容易塌落变形。 改进：底部设计成一定的锥度	

7.5　新型陶瓷材料

随着陶瓷的原料成分和成型工艺的不断改进，新型陶瓷层出不穷。本节介绍当前在工业产品中具有发展前途的一些新型陶瓷材料。

1. 高温结构陶瓷

高温陶瓷是指熔融温度在 1728℃ 以上的一类陶瓷制品，主要由金属氧化物和难熔化合物作为原料制成，具有在高温下强度高、硬度大、抗氧化、耐腐蚀、耐磨损、耐烧蚀等优点，在空气中可以耐受 1980℃ 的高温，是空间技术、军事技术、原子能业及化工设备等领域中的重要材料(见图 7-13)。

高温陶瓷中，应用最多的有 Al_2O_3、ZrO_2、MgO、CaO 、BeO 等。其中，Al_2O_3(刚玉)广泛用于制造高速切削工具、量规和重要的坩埚材料。ZrO_2 用作耐火坩埚、炉子和反应堆绝热材料，以及金属表面的保护涂层等；MgO、CaO 可用于制造坩埚、炉衬和高温装置等。难熔化合物如碳化硅陶瓷可用作加热元件、石墨的表面保护层，以及砂轮、磨料等。氮化硼陶瓷(白石墨)具有石墨类型的六方结构，可作为介电体和耐火润滑剂。

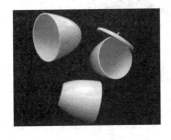

图7-13　高温陶瓷

2. 光学陶瓷

光学陶瓷是具有一定透光性或具有光性能与其他性能相互转换效应(如电光效应、磁光效应等)的一类陶瓷材料。光学陶瓷的主要成分是 MgO、CaO 等。光学陶瓷包括透明铁电陶瓷、透明氧化物陶瓷、透明红外陶瓷等。

光学陶瓷不但能透过光线，还具有很高的机械强度和硬度，同时化学稳定性好，具有很好的抗表面损坏能力，可用作超音速飞机风挡、高级轿车的防弹窗、坦克的观察窗、炸弹瞄准工具；光学陶瓷还能透过无线电波，因此可用作雷达天线罩、导弹的"防风镜"；可用作高压钠灯的放电管，碱金属蒸汽灯等；可以用来制造车床上的高速切削刀、喷气发动机的零件等，甚至可以代替不锈钢。光学陶瓷由于具有电光效应、磁光效应、耐高温、耐腐蚀、耐冲刷、高强度等优异性能，在计算机技术、红外技术、空间技术、激光技术、原子能技术和现代光源等领域有广泛的应用，如图 7-14 所示。

图7-14　光学陶瓷

3. 氮化硅高强度陶瓷

氮化硅陶瓷是一种烧结时不收缩的无机材料。氮化硅的强度很高，尤其是热压氮化硅，属于世界上最坚硬的物质之一。

氮化硅陶瓷主要组成物是 Si_3N_4，其硬度高、耐高温(高达 1400℃)、耐磨损、耐腐蚀、自润滑性好，线膨胀系数在各种陶瓷中最小，电绝缘性和耐辐射性能优良，被称为陶瓷家族中的"全能冠军"。如图 7-15 所示，氮化硅陶瓷可用作喷气式飞机、火力发电站、机车和载重汽车等高温燃气轮机的叶片，高速切削诸如炮筒、刹车筒之类的硬质钢件的刀具，高温坩埚、轴承，在腐蚀介质中使用的密封环、热电偶套管。氮化硅陶瓷还是一种很好的电绝缘材料，其电绝缘性能与氧化铝相同；它还有透微波的性能，可以用作雷达天线罩。氮化硅陶瓷的介电性能随温度的变化甚小，抗热震性能在各类陶瓷中是比较优越的，这使它有可能在六个马赫(即六倍于音速)，甚至于可在七个马赫的飞行速度下使用。由于 Si_3N_4 的理论密度低，比钢和工程超耐热合金钢轻得多，因此可以代替合金钢用在高强度、低密度、耐高温场合。

图7-15　氮化硅高强度陶瓷

氮化硅陶瓷较其他高温结构陶瓷如氧化物陶瓷、碳化物陶瓷等具有更为优异的机械性能、热学性能及化学稳定性，因而被认为是高温结构陶瓷中最有应用潜力的材料。

4. 金属陶瓷

金属陶瓷是由金属和陶瓷组成的非均质复合材料，具有高强度、高韧性、高的高温强度和耐蚀性，可用作工具材料、高温结构和耐蚀材料(见图 7-16)。在金属陶瓷中，陶瓷主要是氧化物、碳化物、硼化物和氮化物，金属相主要是钛、铬、镍、钴和它们的合金，目前已经取得较大实际应用的金属陶瓷基体，主要是氧化物和碳化物。

(a) 碳化物基金属陶瓷(炉管)　　　(b) 氧化物基金属陶瓷零件　　　(c) 导弹弹头

图7-16　金属陶瓷

氧化物基金属陶瓷，是以氧化铝、氧化锆、氧化镁、氧化铍等为基体，与金属钨、铬或钴复合而成的金属陶瓷，具有耐高温、抗化学腐蚀、导热性好、机械强度高等特点，可用于制作导弹喷管衬套、熔炼金属的坩埚和金属切削刀具。

碳化物基金属陶瓷，是以碳化钛、碳化硅、碳化钨等为基体，与金属钴、镍、铬、钨、钼等金属复合而成的，具有高硬度、高耐磨性、耐高温等特点，用于制造切削刀具、高温轴承、密封环、叶片等。

5. 功能陶瓷

利用陶瓷对声、光、电、磁、热等物理性能所具有的特殊功能而制造的陶瓷材料称为功能陶瓷。功能陶瓷种类繁多，用途各异，几乎遍及现代科技的每个领域，应用前景十分广阔。

(1) 半导体陶瓷是将电导率随外界条件，如温度、光照、电场等物理量的变化而发生的显著变化转变为电信号的变化，从而制成各种用途的敏感陶瓷元件。半导体陶瓷包括光敏陶瓷、热敏陶瓷、气敏陶瓷、湿敏陶瓷、湿度－气体敏感陶瓷和温度－湿度敏感陶瓷等。光敏陶瓷可用作自动控制的光开关和太阳能电池等；热敏陶瓷用于温度补偿、温度测量、温度控制、火灾探测、过热保护等；气敏陶瓷用于对不同气体进行检漏、防灾报警及测量等；湿敏陶瓷用于湿度的测量和控制；湿度－气体敏感陶瓷和温度－湿度敏感陶瓷等多功能敏感陶瓷正在研制中。

（2）介电陶瓷是利用陶瓷材料中电荷短程分布所引发某种特性的功能陶瓷，如材料晶格为非对称时由应力导致电荷分布不对称的压电陶瓷，可产生自发极子的铁电陶瓷等。另外，由于陶瓷的机械强度高、介电损耗低、耐热性和稳定性好，目前常被用作集成电路板的制造材料，主要有氧化铝陶瓷、氧化铍陶瓷、碳化硅陶瓷及氮化铝陶瓷等。其中以氧化铝陶瓷应用最为普遍；氮化铝陶瓷有望成为超大规模集成电路的下一代优质基板材料，这是因为其热传导率是氧化铝陶瓷热传导率的 10 倍左右，其他电性能和氧化铝陶瓷大致相当。

（3）压电陶瓷是一种能将压力转变为电能的功能陶瓷，哪怕是像声波震动产生的微小的压力也能够使它们发生形变，从而使陶瓷表面带电。用压电陶瓷柱代替普通火石制成的气体电子打火机，能够连续打火几万次。

（4）电子陶瓷是用于制作电容器、电阻器、电子工业中的高温高频器件、变压器等形形色色的电子零件。

此外，利用陶瓷的光学性能可制造固体激光材料、光导纤维、光储存材料及各种陶瓷传感器。陶瓷还可用作磁性材料、基底材料等。

6. 纳米陶瓷

纳米陶瓷通过往陶瓷中加入或生成纳米级颗粒、晶须、晶片纤维等，使晶粒、晶界以及它们之间的结合都达到纳米水平，使材料具有像金属一样的强度、韧性和可加工性，并对材料的力学、电学、热学、磁光学等性能产生重要影响。纳米陶瓷为工程陶瓷的应用开拓了新的领域，如图 7-17 所示为纳米陶瓷的应用。还比如外墙用的纳米建筑陶瓷材料具有自清洁和防雾功能。随着高新技术的不断出现，世界各国的科研工作者正在不断研究开发纳米陶瓷粉体并以此为原料合成高技术纳米陶瓷。纳米复相陶瓷在组成上向多相复合方向发展，在性能上向多功能方向耦合，结构与功能一体化是这一研究动向最集中的体现。

(a) 发光器　　　　(b) 轴承　　　　(c) 刀具　　　(d) 隔热膜

图7-17　纳米陶瓷

第8章 玻璃及其加工工艺

玻璃是一种无机非金属材料。在科学技术高度发展、自然材料和人工材料日益丰富的时代，玻璃作为一种古老而又现代、平凡而又美丽的特殊材料，由于其特有的优良性质，在各个领域正发挥着淋漓尽致的作用，成为一种不可缺少的绿色材料。

8.1 常用的玻璃材料

8.1.1 玻璃材料的分类及应用

1. 按用途和使用环境分类

（1）日用玻璃：瓶罐玻璃（饮料瓶、酒瓶）、器皿玻璃（玻璃杯、茶具、炊具）、装饰玻璃（刻花玻璃、光珠）等。

（2）技术玻璃：光学玻璃（镜头、眼镜玻璃、滤片）、仪器玻璃（玻璃管、玻璃烧杯）、电器用玻璃（显像管、电子管）、医药用玻璃（温度计、体温计）和特种玻璃（变色玻璃）等。

（3）建筑玻璃：窗用平板玻璃、镜用平板玻璃、装饰用平板玻璃和安全玻璃等。

（4）玻璃纤维：无碱纤维（$Na_2O<0.7\%$）、低碱纤维（$Na_2O<2\%$）、中碱纤维（$Na_2O=12\%$）、高碱纤维（$Na_2O=15\%$）和玻璃布等。

2. 按化学成分分类

按照化学成分，分为石英玻璃、钠钙玻璃、铅玻璃等（见表8-1）。

3. 按制造方法分类

按照制造方法，分为吹制玻璃、拉制玻璃、压制玻璃、铸造玻璃等。

表8-1 按照化学成分的玻璃材料分类

名称	主要成分	主要用途	主要特点
石英玻璃	$SiO_2>99.5\%$	半导体、电光源等精密仪器及分析仪器	优点：抗热冲击能力最强；长时间耐高温（900℃）（发明于1952年）。缺点：造价最高
钠钙玻璃	SiO_2约70%，CaO约10%，Na_2O约15%	平板玻璃、瓶罐玻璃、灯泡玻璃	优点：生产成本低。缺点：对高温、剧烈温差和化学介质的抵抗能力较弱
铅玻璃	SiO_2、B_2O_3、PbO	光学玻璃、光学棱镜和透镜等；水晶玻璃、艺术器皿玻璃；电真空玻璃；防辐射玻璃	优点：良好的光学性质、电绝缘性（优于钠钙玻璃和硼玻璃）、防辐射性。缺点：不耐高温；受热时不耐冲击

名称	主要成分	主要用途	主要特点
硼硅酸玻璃	SiO_2（最大组分）、B_2O_3	天文望远镜镜片、精密仪器；咖啡壶、炉子、实验器皿、车灯、高温环境下工作的设备；强化纤维	优点：耐高温；受热时耐冲击；热膨胀率低；抗酸和化学介质腐蚀（发明于1912年）
铝硅酸玻璃	SiO_2，$Al_2O_3>20\%$	高性能设备，如高温测量仪、太空飞行器的舷窗、集成电路电阻	优点：耐高温（发明于1936年）。缺点：造价高，加工难度大
特殊成分玻璃	激光玻璃，硫系、氧硫系等半导体玻璃，微晶玻璃，金属玻璃等		

8.1.2 常用的玻璃材料制品

常用的普通玻璃属于钠钙玻璃。若熔体中没有杂质氧化，玻璃为无色透明玻璃；若含有铁的氧化物，玻璃带有绿色；若含有少量的钴氧化物，玻璃呈蓝色。普通玻璃常用于对耐热性、化学稳定性没有特殊要求的玻璃制品，如平板玻璃、瓶罐玻璃、器皿玻璃等。

1）平板玻璃

平板玻璃的日常用量最大，属于钠钙玻璃。其基本成分是：SiO_2 占 71 %～73 %，Na_2O 占 12 %～14%，CaO 占 10 %～12 %。加入 Na_2O 和 CaO 的玻璃，其软化点由 1600℃降到730℃左右，玻璃成型加工变得容易。平板玻璃的主要用途如下：

（1）采光或隔断。其中 3～5 mm 的平板玻璃直接用于门窗的采光，8～12 mm 的平板玻璃可用于隔断。

（2）作为钢化、夹层、镀膜、中空等玻璃的原片。

平板玻璃主要采用压延、浮法、平拉等方法制成。表 8-2 所示是常见平板玻璃的种类、用途和特点。

表 8-2 平板玻璃的种类、用途和特点

种类		形成方法	用途	特点及作用
窗用玻璃（单光玻璃）		平板玻璃	门、窗	透光、挡风、保温
磨光玻璃（镜面玻璃）		平板玻璃抛光后得到	大型门窗、镜子	平整光滑；有光泽；透光率达80%；物像不变形
磨砂玻璃（毛玻璃）		在平板玻璃表面经手工研磨或氢氟酸腐蚀等处理后得到	门、窗	形成漫反射，光线柔和，透光不透视
压花玻璃	花纹	玻璃硬化前，用刻有花纹的滚筒在单面或者双面印出凹凸不平的花纹	艺术装饰效果的门窗	形成漫反射，光线柔和，降低透光度
	喷花	在平板玻璃表面贴花纹图案，外表加保护层，经喷砂处理而成		
	刻花	由平板玻璃经涂覆、雕刻、围蜡、酸蚀、研磨而成		
有色玻璃	透明	玻璃中加入某金属氧化物使玻璃着色	门窗、特殊要求的采光和装饰墙面	耐腐蚀、易清洗；可按需要拼接成不同图案或花纹
	不透明	在平板玻璃的一个表面喷色釉，经热处理制成		

2）瓶罐玻璃

瓶罐玻璃主要采用钠钙硅酸盐玻璃。瓶罐玻璃具有一定的化学稳定性、机械强度和抗热震性。它清洁卫生，不污染装入的物质，能经受装罐、杀菌和运输过程，且透明美观，价格便宜，可用作饮料瓶、食品瓶、药用瓶、化妆品瓶等。瓶罐玻璃常采用模制法和管制法制成。

3）器皿玻璃

器皿玻璃用于制造日用器皿、艺术品和装饰品用的玻璃。器皿玻璃具有很好的透明度和白度，或具有鲜艳颜色和清晰美观的图案，并具有较好的热抗震性、化学稳定性、机械强度、不污染物品等特性。器皿玻璃分为一般器皿和晶质玻璃，主要用于制造茶具、餐具、炊具、艺术制品等。

8.2 玻璃材料的固有特性

玻璃是将原料加热熔融后，用一定方式冷却不经结晶而形成的固态非晶态物质。由于玻璃具有非晶态结构，所以其物理性质和力学性质具有各向同性的特征。

（1）密度：玻璃的密度与其化学组成有关，随着温度升高而有所减小，一般大于水的密度。

（2）强度：玻璃的强度与其化学组成、杂质含量及分布、制品的形状、表面状态和性质、加工方法等有关。玻璃的理论强度很高（约 10000 Pa），但实际强度却很低，约为理论强度的 1%。这是由于玻璃内部的未融物、结石等缺陷，造成玻璃制品表面有微细裂纹等。玻璃通常具有较高的抗压强度（589 ~ 1570 MPa）、较低的抗拉强度（39 ~ 118 MPa）。玻璃与一般陶瓷材料一样，均为脆性材料。

（3）硬度：玻璃的硬度较大，仅次于金刚石、碳化硅，其莫氏硬度为 4 ~ 7，普通刀和锯不能切割。通常根据玻璃的硬度选择其加工方法以及所用磨料、磨具等，如雕刻、抛光、研磨、切割等。

（4）光学性质：玻璃为高度透明的物质，具有一定的光学常数、光谱特性，具有吸收和透过紫外线、感光、光变色、光存储和显示等重要的光学性质。通常透过的光线越多，玻璃质量越好。玻璃品种很多，其性能差别也很大，如普通玻璃透光性好，铅玻璃防辐射性好等。一般通过改变玻璃的成分和工艺条件来改变玻璃的光学性能，如新型的光电玻璃。

（5）电学性质：在常温下，一般玻璃有较高的电阻率，可作为绝缘材料。随着温度升高，玻璃的导电性能迅速提高，加热到熔融状态则变为良导体，也有些玻璃则是半导体。

（6）热性质：玻璃的导热性极差，导热系数一般为 0.4 ~ 1.2 W/(m·K)，一般经受不了温度的急剧变化，制品越厚，承受温度急剧变化的能力越差；玻璃的热膨胀系数较小，一般在 5.8×10^{-7} ~ 150×10^{-7}。普通玻璃经过热处理或其他工艺处理后可提高热稳定性。

（7）化学稳定性：玻璃化学性质稳定。大多数玻璃都能抵抗除氢氟酸以外酸的侵蚀，但耐碱腐蚀能力较差。玻璃在高温和长时间与水、大气和雨水等接触会受到侵蚀。一些光学玻璃仪器，在周围介质（如潮湿空气）的作用下，表面易形成白色斑点或雾膜，从而影响和破坏透光性。

（8）装饰性：玻璃通透、美观，经过工艺处理后的玻璃，具有丰富色彩、观感和光泽效果，富有极好的装饰性。

8.3 玻璃材料的工艺特性

8.3.1 玻璃制品的成型工艺

玻璃制品的成型工艺主要包括原料配置、玻璃熔制、玻璃成型等主要工艺过程。

1. 原料配制

原料配制是指根据玻璃制品在物理性质、化学性质、力学性质以及其他方面的具体要求，合理地选择和制作玻璃的原料配方。玻璃的原料配置是玻璃生成的基础。

根据用量和作用的不同，玻璃的原料分为主要原料和辅助原料两大类。主要原料是组成玻璃材料的主要成分，它决定了玻璃制品的物理、化学性质；辅助原料是赋予玻璃制品某些特殊性质或熔制过程所必须加入的原料，如澄清剂、着色剂、脱色剂、助熔剂等。下面主要介绍常用玻璃原料的组成和作用。

1) 主要原料

(1) 石英砂：主要成分是 SiO_2，它是玻璃的骨架。石英砂在日用玻璃中的用量较多，占配料重量的 60% ~ 75% 以上。

(2) 硼酸、硼砂及其他硼化物：向玻璃中引入 B_2O_3 等硼化物，可以降低玻璃的膨胀系数，提高玻璃的化学稳定性、耐热性、折射率和光泽，可降低玻璃的熔融温度、析晶倾向和韧性。B_2O_3 是耐热玻璃、化学仪器玻璃、光学玻璃等的重要组分。

(3) 长石、瓷土、蜡石：向玻璃中引入 Al_2O_3 的主要矿物原料，可以减弱玻璃的析晶性，提高玻璃的化学稳定性、机械强度和韧性，但也使得玻璃的熔融温度提高。

(4) 纯碱、芒硝：向玻璃中引入 Na_2O 的主要原料，会降低玻璃黏度和熔融温度，提高玻璃的介电常数和热膨胀系数，但也降低了玻璃的化学稳定性、机械强度和硬度，使得退火温度和析晶倾向增加。一般引入量不超过 18%。

(5) 方解石、石灰石、白垩：向玻璃中引入 CaO 的主要原料，可以提高玻璃的机械强度、化学稳定性、硬度，但也使得退火温度和析晶倾向增加。

(6) 氧化铅：向玻璃中引入 PbO 的主要原料，可增大玻璃的相对密度，提高玻璃的折射率和光泽，降低熔融温度，但也降低了化学稳定性。铅玻璃的电性能好，硬度小，便于研磨抛光加工。

(7) 硫酸钡：向玻璃中引入 BaO 的主要原料，可以降低熔融温度，提高玻璃的相对密度、光泽和折射率，但也使得玻璃的化学稳定性降低、析晶倾向增大。含 BaO 的玻璃吸收辐射线能力强，常用于制作光学玻璃、防辐射玻璃等。

2) 辅助原料

(1) 澄清剂：其作用是在高温时气化或分解从而放出气体，促进玻璃熔液中气泡的排除。

(2) 着色剂：着色剂为金属氧化物，溶于玻璃熔液中使玻璃着色。如氧化铁使玻璃呈黄色或绿色，氧化钴使玻璃呈蓝色，氧化锰使玻璃呈紫色，硒化物使玻璃呈红宝石色。

(3) 脱色剂：脱色剂可以除去玻璃原料中的铁、铬、钛、钒等化合物以及有机物等有害杂质，提高无色玻璃的透明度。脱色剂在玻璃中呈现原来颜色的补色，使玻璃成为无色玻璃，或者与着色杂质形成浅色化合物。常用的脱色剂有二氧化锰、氧化钴、氧化镍等。

（4）乳浊剂：加入乳浊剂可以形成 0.1 ～ 1.0 μm 的颗粒，悬浮于玻璃熔液中，使得玻璃形成对光线不透明的乳浊状态。常用的乳浊剂有氟和磷的化合物，还有氧化锡等。

（5）助熔剂：加入助熔剂可以加速玻璃的熔融速度。常用的助熔剂是碱金属氧化物、硼砂、硝酸钠、纯碱等。

（6）氧化剂和还原剂：氧化剂的作用是将玻璃中的低价氧化物转化为高价氧化物，常用的氧化剂有白砒和硝石等。还原剂主要是加速氧化物在熔融玻璃过程中的还原反应，使一些高价氧化物还原为低价氧化物，常用的还原剂有氧化锌、氯化锌、碳化物等。

2. 玻璃熔制

玻璃熔制是将玻璃配料高温熔融从而形成均匀无气泡并符合成型要求的玻璃液的过程。

玻璃熔制的工艺复杂，通常在坩埚窑和池窑中进行，一般熔制温度约 1300 ～ 1600℃，低熔点的熔制温度为 600 ～ 1200℃。在熔制过程中，伴随着一系列的物理和化学反应。

3. 玻璃成型

玻璃成型是将熔融玻璃加工成一定几何形状和尺寸的玻璃制品的过程，主要包括压制、吹制、拉制、浮法、浇注、烧结成纤维、压延法等成型方法。

1）压制成型

压制成型是将玻璃熔液加入反映制品形状和尺寸的模具内进行施压成型的一种工艺。压制成型主要用于较厚的工件，如玻璃砖、玻璃盘碟、玻璃绝缘子等。压制成型工艺简单、尺寸精确，制品表面可以带有花纹。如图 8-1 所示为压制成型工艺示意图。

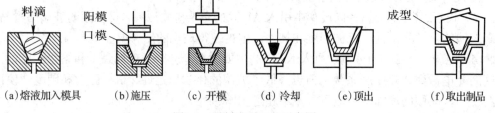

(a)熔液加入模具　(b)施压　(c)开模　(d)冷却　(e)顶出　(f)取出制品

图8-1　压制成型工艺示意图

2）吹制成型

吹制成型是先将玻璃黏块压制成锥形型坯，再将型坯置于成型模具中，吹入压缩空气使型坯吹胀紧靠模的内腔而形成中空制品的一种工艺。吹制成型主要用于广口瓶和小口瓶的制品成型，如瓶罐玻璃、器皿玻璃、灯泡等。如图 8-2 所示为吹制成型工艺示意图。

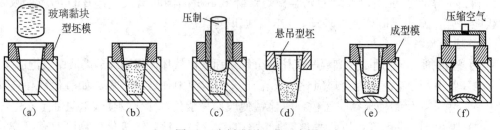

(a)　(b)　(c)　(d)　(e)　(f)

图8-2　吹制成型工艺示意图

3）拉制成型

拉制成型是利用机械拉力将玻璃熔体拉制成制品的一种工艺。该工艺主要用于恒定界面的、较长玻璃制品的成型，如玻璃管、玻璃棒、薄玻璃板材等。若使成型的薄板漂浮通过高温的熔化锡浴槽，则可大大提高制品的平整度和表面粗糙度。

4）压延法成型

压延法成型分为平面压延和辊间压延两种。如图 8-3 所示为压延成型工艺的示意图。压延法成型主要用于平板玻璃、厚玻璃板、刻花玻璃、夹金属丝玻璃等制品的成型。

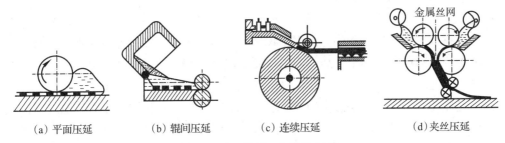

| (a) 平面压延 | (b) 辊间压延 | (c) 连续压延 | (d) 夹丝压延 |

图8-3 压延成型工艺的示意图

5）浮法成型

浮法成型是平板玻璃的主要成型方法。它是将熔融玻璃从池窑中连续流入并漂浮在相对密度大的锡液表面上，在重力和表面张力的作用下，玻璃液在锡液面上铺开、摊平，上下表面平整、硬化，冷却后将其牵引上过渡辊台。辊台的辊子转动，把玻璃拉出锡槽进入退火窑，经退火、切裁即得到玻璃制品。采用浮法工艺生产的平板玻璃叫做浮法玻璃。图8-4、图 8-5 所示分别是浮法成型生产线和浮法玻璃制品。浮法玻璃厚度均匀、平整光洁、纯净明亮、透明度好，易切割，是一种高质量的平板玻璃。

图8-4 浮法成型生产线

图8-5 浮法玻璃

6）结烧法成型

烧结法成型是指采用玻璃粉末烧结成型，它分为干压成型、注浆成型等。

7）浇注法成型

浇注法成型是将玻璃熔液注入模具内或平台上，经退火、冷却、加工而制成玻璃制品的工艺，主要用于制作装饰玻璃、艺术雕刻、光学器件等。

随着科学技术的发展，新材料、新工艺层出不穷，如热熔、热弯、脱蜡制造等工艺也在不断完善。如彩图 8-6 所示为热熔玻璃制品，它跨越现有的玻璃形态，充分地发挥了设计者和加工者的艺术构思，把现代或古典的艺术形式融入玻璃之中。热熔工艺可加工出各种凹凸有致、颜色各异的艺术化玻璃。

8.3.2 玻璃制品的热处理

玻璃制品在生产中，由于经受高温、冷却等不均匀的温度变化，在其表面及内部产生了热应力。热应力使玻璃制品的结构变化不均匀，降低了玻璃制品的强度，光学性质也受到影响，所以玻璃制品通常都要进行热处理。玻璃制品的热处理，一般包括退火、淬火和回火、化学强化等。

1. 退火

退火是将玻璃制品加热到临界温度，保温一段时间后再缓慢冷却到室温的过程。退火处理可减小和消除玻璃制品中的热应力，使产品内部结构均匀，达到光学要求。

2. 淬火和回火

淬火是指将玻璃制品加热到临界温度，然后在冷却介质中急速且均匀地冷却的处理方法，在此过程中玻璃的内层和外层表面将产生很大的温度梯度，使得玻璃表面形成有规律、均匀分布的压力层，提高玻璃制品的机械强度和热稳定性；回火是指将淬火后的玻璃再次加热到临界温度以下的某个温度，保温一定时间后，以适当方式冷却到室温的处理方法。回火的主要目的是减少和消除淬火应力，增强玻璃的韧性。如大型门玻璃、汽车挡风玻璃都进行淬火和回火处理。

3. 化学强化

化学强化也叫化学回火。如钠铝硅酸盐玻璃浸入硝酸钾浴槽中 $6 \sim 10$ h，浴槽温度比其应变点低 $50℃$ 左右。在这个过程中，玻璃表面附近的钠离子被较大的钾离子取代，使表面形成压应力而心部产生拉应力。化学强化主要用于较薄的玻璃制品，如超音速飞机的窗玻璃和眼科检查的透镜等。

8.3.3 玻璃制品的二次加工

大多数成型后的玻璃制品都要进行二次加工，以保证制品的尺寸精度、制品的外观质量及表面性质。

1. 玻璃制品的冷加工

1）研磨和抛光

磨掉玻璃制品表面粗糙不平的多余部分，加工出平整透明、形状和尺寸精确的制品。

2）切割

采用金刚石、碳化硅等硬质合金工具在玻璃表面锯切和刻痕，使局部产生裂纹而折断。

3）喷砂

采用高速气流带动细金刚砂等冲击玻璃，在制品表面形成毛面或花纹图案、文字等（见彩图 8-7）。喷砂主要用于玻璃的表面磨砂，打印商标、刻度等，也可用作玻璃钻孔。

4）车刻（刻花）

通过车刻工具对玻璃进行雕刻、抛光，从而使玻璃表面产生出晶莹剔透的立体线条，起到点缀装饰作用，广泛用于门窗（见彩图 8-8）、书柜等。

5）钻孔

利用硬质合金钻头、钻石钻头或超声波等方法进行玻璃打孔。

2. 玻璃制品的热加工

热加工主要是对某些形状复杂和特殊要求的玻璃制品进行最后的定型，也可用于玻璃制品的性能和外观质量的改善。如吹制等成型的玻璃制品切割后锋利边缘的烧口、火抛光、火焰切割与钻孔等。

3. 玻璃制品的表面处理

玻璃制品的表面处理主要有表面着色(如玻璃彩饰)、表面蚀刻(如化学蚀刻、灯泡毛蚀)、表面涂层(如镜子镀银、表面涂导电层)、光滑表面(如化学抛光)等。表面处理既改善了制品表面的性质和状态，又使制品具有很好的装饰性。下面主要介绍玻璃彩饰和玻璃蚀刻工艺。

1) 玻璃彩饰

玻璃彩饰是利用彩色釉来装饰玻璃制品表面的工艺(见彩图8-9)。常用的方法有描绘、喷花、贴花、印花等，这些方法可以单独也可以组合使用。

(1) 描绘：按照图案花样用笔将釉料涂绘到制品表面。

(2) 喷花：将按照图案花样制成的镂空模板紧贴在玻璃制品表面上，然后用喷枪将釉料喷射在玻璃上。常用的喷涂方法有喷雾喷涂法和静电喷涂法。

(3) 贴花：将彩釉先印刷在贴花纸上，再将贴花纸上的花纹图案移印到玻璃制品表面。

(4) 印花：用丝网印刷方式，即以丝绢、尼龙丝、涤纶丝、钢丝、铜丝等绷在框上作为版材，再用感光或手刻模板法制成有图案的网版，然后将玻璃彩釉浆倒在网版上，用橡皮刮刀在网版上加压滑动，使彩釉浆通过镂空花纹部分的网孔黏附于玻璃表面。

2) 玻璃蚀刻

玻璃蚀刻是利用氢氟酸的腐蚀作用，使玻璃获得不透明毛面或者花纹图案的工艺。蚀刻时，先在玻璃表面涂覆石蜡、松节油等保护层，并在其上绘制图案，然后涂上氢氟酸溶液从而得到玻璃蚀刻图案(见彩图8-10)，蚀刻程度可通过调节酸液浓度和腐蚀时间来控制。玻璃蚀刻多用于玻璃仪器的刻度、标字，玻璃器皿和平板玻璃的装饰等。

8.4 新型的玻璃材料

随着科学的发展，玻璃已不再仅作为采光、透明的天然材料，而是现代工业产品及建筑业重要的结构和装饰材料。通过将普通平板玻璃、浮法玻璃、钢化玻璃、彩色玻璃、吸热玻璃等玻璃原片改良和深加工得到的新型玻璃，大大拓宽了玻璃材料的用武之地，成为具有特殊功能，比如控制光线、调节温度、防止噪声、高强度、艺术装饰性能优越的一类不可替代的重要材料。下面按照用途介绍常见的新型玻璃，以及一些新颖奇特的玻璃材料。

8.4.1 常见的新型玻璃

1. 安全玻璃

安全玻璃与普通玻璃相比，力学强度高、抗冲击能力强。其主要品种有钢化玻璃、夹丝玻璃、夹层玻璃、钛化玻璃和微晶玻璃。安全玻璃被击碎时，其碎片不会伤人，并且兼有防盗、防火功能。根据生产时所用的玻璃原片不同，安全玻璃还具有一定的装饰效果。

1) 钢化玻璃

钢化玻璃又称强化玻璃，它用物理的或化学的方法在玻璃表面形成应力层，从而提高了玻璃的抗压强度。

（1）钢化玻璃的形成：钢化玻璃是平板玻璃的二次加工产品，其加工分为物理钢化法和化学钢化法。

物理钢化玻璃又称为淬火钢化玻璃。普通平板玻璃在加热炉中加热到接近玻璃的软化温度（600℃）时，会通过自身的形变消除内部应力，将消除内部应力后的玻璃移出加热炉，再用多头喷嘴将高压冷空气吹向玻璃的两面，使其迅速且均匀地冷却至室温，即可制得钢化玻璃。这种玻璃处于内层受拉、外层受压的应力状态，一旦局部发生破损，便会发生应力释放，玻璃被破碎成无数小块，这些小的碎片没有尖锐棱角，不易伤人。

化学钢化玻璃是通过改变玻璃表面的化学组成来提高玻璃的强度。一般应用离子交换法进行钢化，其方法是将含有碱金属离子的硅酸盐玻璃，浸入到熔融状态的锂（Li+）盐中，使玻璃表层的 Na+ 或 K+ 与 Li+ 发生交换，表面形成 Li+ 交换层。由于 Li+ 的膨胀系数小于 Na+、K+，从而在冷却过程中外层收缩较小而内层收缩较大，当冷却到常温后，玻璃便同样处于内层受拉、外层受压的状态，其效果类似于物理钢化玻璃。

（2）钢化玻璃的特点：

① 强度高。其抗压强度可达 125 MPa 以上，比普通玻璃大 4～5 倍。

② 抗冲击性能力强。0.8 kg 的钢球从 1.2 m 高度落下，玻璃可保持完好。

③ 弹性大。一块 1200 mm×350 mm×6 mm 的钢化玻璃，受力后弯曲挠度可达 100 mm，当外力撤除后，仍能恢复原状，而普通玻璃弯曲变形大小只有几毫米。

④ 热稳定性好。钢化玻璃在急冷急热时不易发生炸裂。这是因为钢化玻璃的压应力可抵消一部分因急冷急热产生的拉应力。钢化玻璃耐热冲击，最大安全工作温度为 288℃，能承受较大的温差变化。

（3）钢化玻璃的用途：由于钢化玻璃具有较好的机械性能和热稳定性，所以在建筑工程、交通工具及其他领域得到广泛的应用。平板钢化玻璃常用作建筑物的门窗、隔墙、幕墙及橱窗、家具等，曲面钢化玻璃常用于汽车、火车及飞机等。但需注意的是，钢化玻璃不能切割、磨削，边角不能碰击挤压，需按现成的尺寸规格选用或提出设计要求进行加工定制。用于大面积的玻璃幕墙玻璃在钢化上要予以控制，必须选择半钢化玻璃，即其应力不能过大，以避免受风荷载引起震动而自爆。

根据所用的玻璃原片不同，可制成普通钢化玻璃、吸热钢化玻璃、彩色钢化玻璃、钢化中空玻璃等（见图8-11）。

  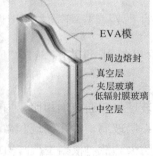

（a）吸热钢化玻璃（太阳板）　　（b）彩色钢化玻璃硬膜　　（c）钢化中空玻璃结构

图8-11　钢化玻璃

2）夹丝玻璃

（1）夹丝玻璃的形成：夹丝玻璃也称防碎玻璃或钢丝玻璃。它采用压延法生产，即在玻璃熔融状态下将经预热处理的钢丝或钢丝网压入玻璃中，经退火、切割而成。夹丝玻璃表面可以是压花的或磨光的，也可以是无色透明或彩色的（见彩图8-12）。

（2）夹丝玻璃的特点：

① 夹丝玻璃由于钢丝网的骨架作用，原有的强度得到提高，当受到冲击或温度骤变而破坏时，碎片也不会飞散，避免了碎片对人的伤害，因此安全性好。

② 在出现火情时，夹丝玻璃受热炸裂，但由于金属丝网的作用，玻璃仍能保持固定，隔绝火焰，防火性好，故夹丝玻璃又称为防火玻璃。

（3）夹丝玻璃的用途：夹丝玻璃可用于建筑的防火门窗、天窗、采光屋顶、阳台等。目前我国生产的夹丝玻璃分为夹丝压花玻璃和夹丝磨光玻璃两类。根据国家行业标准 JC 433—91 规定，夹丝玻璃厚度分为 6 mm、7 mm、10 mm，规格尺寸一般不小于 600 mm×400 mm，不大于 2000 mm×1200 mm。

3）夹层玻璃

（1）夹层玻璃的形成：夹层玻璃是由两片或多片玻璃之间夹了一层或多层有机聚合物中间膜，经过特殊的高温预压（或抽真空）及高温高压工艺处理后，使玻璃和中间膜永久黏合为一体的一种复合玻璃，如图8-13（a）所示。

常用的夹层玻璃中间膜有 PVB、SGP、EVA、PU 等。夹层玻璃的层数有2、3、5、7层，最多可达9层。两层的夹层玻璃，两片玻璃的厚度常用的有：2+3（mm）、3+3（mm）、3+5（mm）。夹层玻璃有很多种，根据中间膜的熔点不同，可分为低温夹层玻璃、高温夹层玻璃、中空玻璃；根据中间所夹材料不同，可分为夹纸、夹布、夹植物、夹丝、夹绢、夹金属丝等；根据夹层间的黏结方法不同，可分为混法夹层玻璃、干法夹层玻璃、中空夹层玻璃；根据夹层的层类不同，可分为一般夹层玻璃和防弹玻璃。

此外，还有一些比较特殊的如彩色中间膜夹层玻璃、SGX 类印刷中间膜夹层玻璃、XIR 类 LOW-E 中间膜夹层玻璃、内嵌装饰件（金属网、金属板等）夹层玻璃、内嵌 PET 材料夹层玻璃等装饰及功能性夹层玻璃（注：SGX 中间膜是一种特殊的 PVB，采用数字成像或喷墨打印技术在 PVB 上打印各种复杂图案；XIR 中间膜在两层 PVB 之间加了一层表面镀银的 PET 薄膜）。

（2）夹层玻璃的特点：

① 夹层玻璃比一般平板玻璃的抗冲击性强好几倍。用多层普通玻璃或钢化玻璃复合起来，可制成防弹玻璃。由于 PVB 胶片的黏合作用，玻璃即使破碎时，碎片也会被粘在薄膜上而不会飞出伤人。破碎的玻璃表面仍保持整洁光滑，如图8-13（b）所示。

② 过滤紫外线，隔音性好，颜色丰富多样。

③ 采用不同的原片玻璃，夹层玻璃具有耐久、耐热、耐湿等性能。

（3）夹层玻璃的用途：因夹层玻璃有着较高的安全性，一般用作高层建筑的门窗、天窗，商店、银行、珠宝的橱窗、隔断、楼梯等，如图8-13（c）所示。

4）钛化玻璃

（1）钛化玻璃的形成：钛化玻璃是将钛金箔膜由特殊的黏合剂贴在玻璃基材上，与玻璃结合成一体的一种新型玻璃，也叫永不碎钛金箔膜玻璃。

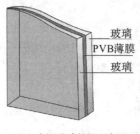

（a）夹层玻璃结构示意图　　　（b）防弹玻璃　　　（c）玻璃楼梯

图8-13　夹层玻璃

（2）钛化玻璃的特点：钛化玻璃具有抗冲击、抗贯穿、不破裂成碎片碎屑、防高温、防紫外线及防太阳能等功能，是最安全的一种玻璃。不同的基材玻璃与不同的钛金箔膜，可组合成不同色泽、不同性能、不同规格的钛化玻璃。钛化玻璃常见的颜色有无色透明、茶色、茶色反光、铜色反光等。如图 8-14（a）所示为钛化玻璃转盘，图 8-14（b）所示为冰雕钛金玻璃隔断。

（a）玻璃转盘　　　（b）冰雕钛金玻璃隔断

图8-14　钛化玻璃

5）微晶玻璃

（1）微晶玻璃的形成：微晶玻璃又称微晶玉石、陶瓷玻璃、玻璃水晶。微晶玻璃是由一定组分的玻璃颗粒经烧结与晶化后形成结晶相和玻璃相的复相材料。

（2）微晶玻璃的特点：微晶玻璃质地坚硬、密实均匀，其机械强度、化学稳定性、电性能、热学性能均优于普通玻璃，而生产工艺和使用原料却与普通玻璃相似。微晶玻璃具有玻璃和陶瓷的双重特性。普通玻璃内部原子的排列没有规则，而微晶玻璃像陶瓷一样，由晶体组成，内部原子的排列有规律，这正是微晶玻璃比陶瓷的亮度高、比普通玻璃韧性强的原因。微晶玻璃大量利用工业废料制成，是 20 世纪 60 年代迅速发展的一种新型玻璃。

（3）微晶玻璃的用途：在机械工程技术领域，可用于耐腐蚀、耐磨损的轴承、阀门、管道等；在电力工程及电子技术领域，可用作高频及高压绝缘的套管材料、大规模集成电路的底板材料、高精密的硅片元件、高频介电材料、光电材料等；在光学领域可用作激器元件、巨型天文望远镜的镜坯；在建筑行业可用作微晶玻璃幕墙等，不仅具有美感、高级感，而且在耐候性、耐磨性、清洁维护方面均比天然石材更具优势（见图 8-15）。微晶玻璃化学稳定性好，耐磨，可用作人造牙齿；它能透微波，可用作航天飞行器雷达天线外罩。

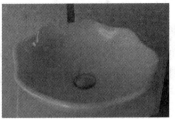
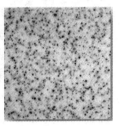

（a）着色的微晶玻璃　　　　　　（b）微晶玻璃面盆　　　　　　（c）微晶玉石

图8-15　微晶玻璃

2. 节能玻璃

1）吸热玻璃

吸热玻璃是一种能吸收大量红外线辐射能，又保持较高可见光透过率的平板玻璃，如图 8-16（a）所示为其吸热原理示意图。除此之外，它还有改善采光色调、节约能源和装饰的效果。

（1）吸热玻璃的形成：吸热玻璃是在普通钠钙玻璃的原料中加入一定量的有吸热性能的着色剂而制成的。吸热玻璃有灰色、茶色、蓝色、绿色、古铜色、青铜色、粉红色和金黄色等。国内目前主要生产前三种颜色的吸热玻璃，厚度有 2 mm、3 mm、5 mm、6 mm 四种。吸热玻璃还可以进一步加工制成磨光、钢化、夹层或中空玻璃。

（2）吸热玻璃的特点：

① 吸收太阳辐射热，如 6 mm 厚的透明浮法玻璃，在太阳光照下总透过热量为 84%，而同样条件下吸热玻璃的总透过热量为 60%。吸热玻璃的颜色和厚度不同，对太阳辐射热的吸收程度也不同。

② 吸收太阳可见光，减弱太阳光的强度，起到反眩作用。

③ 具有一定的透明度，并能吸收一定的紫外线。

④ 冬天可以阻挡冷空气，夏天可以阻挡热空气，使室内冬暖夏凉。

（3）吸热玻璃的用途：吸热玻璃广泛用于建筑物的门窗、玻璃幕墙以及用作车、船挡风玻璃等，起到隔热、防眩、采光及装饰等作用，如图 8-16（b）、（c）所示。

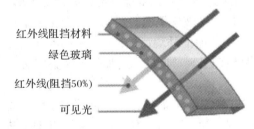

红外线阻挡材料

绿色玻璃

红外线（阻挡50%）

可见光

（a）吸热玻璃的原理示意图　　　　　（b）吸热玻璃幕墙　　　　　（c）彩色吸热玻璃

图8-16　玻璃幕墙用的吸热玻璃

2）热反射玻璃

热反射玻璃是有较高的热反射能力而又保持良好透光性的一种玻璃。

（1）热反射玻璃的形成：热反射玻璃属于镀膜玻璃，是采用热解法、真空蒸镀法、阴极溅射法等在玻璃表面涂以金、银、铜、铝、铬、镍和铁等金属或金属氧化物薄膜，或采用电浮法等离子交换方法，以金属离子置换玻璃表层原有离子而形成热反射膜。

（2）热反射玻璃的特点：

① 热反射率高。如 6 mm 厚浮法玻璃的总反射热仅为 16%，同样条件下，吸热玻璃的总反射热为 40%，而热反射玻璃则可高达 61%，因而常用它制成中空玻璃或夹层玻璃，以增加其绝热性能。

② 镀金属膜的热反射玻璃具有单向透像的作用。即白天能在室内看到室外景物，而室外看不到室内的景象。

③ 良好的装饰性。热反射玻璃也称镜面玻璃，有金色、茶色、灰色、紫色、褐色、青铜色和浅蓝等各色。

（3）热反射玻璃的应用：这种玻璃用于轿车和玻璃幕墙时，可以显著降低热传导性，也可以保护车内纤维和装饰品不褪色。其原理示意图及应用如图 8-17 所示。

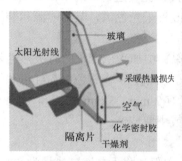

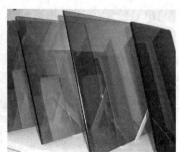

（a）热反射玻璃的原理示意图　　　（b）热反射玻璃幕墙　　　（c）彩色热反射玻璃

图8-17　热反射玻璃

3. 光电玻璃

光电玻璃利用电能使玻璃兼具光亮和通透性。它作为一种新型的环保节能材料，广泛适用于各种大型建筑、室内装潢设计、娱乐场所、户外广告展示等工程方面。

1）调光玻璃

根据控制手段及原理的不同，调光玻璃可通过电控、温控、光控、压控等各种方式实现玻璃透明与不透明状态的切换。目前实现量产的调光玻璃，大多都是电控型调光玻璃。电控型调光玻璃的原理是：当电控关闭电源时，电控调光玻璃里面的液晶分子会呈现不规则分散状态，使光线无法射入，此时电控玻璃呈现不透明的外观；通电后，里面的液晶分子整齐排列，使光线可以自由穿透，此时电控液晶玻璃呈现透明状态，如彩图 8-18 所示。

2）LED 玻璃

LED 玻璃也叫光源或发光玻璃，也称为动力玻璃（PowerGlass），最早由德国发明，我国于 2006 年获得 LED 玻璃的发明专利。LED 玻璃是玻璃工业领域伟大的创新，开创了玻璃全新的应用领域，也引领了灯具材料行业的全新革命。

（1）LED 玻璃的形成。LED 玻璃是一种利用特殊工艺，将 LED 密封夹在两片玻璃中间形成安全夹层结构的 LED 发光玻璃产品，它完美地将 LED 光源与玻璃相结合，突破了建筑装饰材料的传统概念。通过预先在玻璃的内部设计图案或文字以及后期 DMX 全数字智能技术，可实现对 LED 光源明暗及变化的掌控。其内部采用了完全透明的导线，在玻璃表面看不到任何线路。目前因为 LED 玻璃是新型产品没有原始分类，符合建筑安全玻璃特征且有一定的亮化、节能等特性，所以被国家认定为免检产品。

（2）LED 玻璃的特点：

① 照明特性。LED 玻璃用于照明既节能又大方、新潮，耗电量仅为普通照明的 10%，比霓虹灯节电 50%。

② 装饰性好。可以配合使用者需求，制作多样化的色彩、多种材质以及特定的图案、图像、标识等发光变化，其效果绚丽多变。

③ 安全性好，耐用度高。由于光源嵌合在玻璃内层空间，防护等级极高，能在户外环境放心使用，具有抗压、防爆等特点，也可以根据需要生产弯曲变形的光电艺术玻璃。

④ 其技术可运用于多种不同的玻璃，例如强化玻璃、超白玻璃、印刷喷砂玻璃、彩色玻璃等。结合光电艺术玻璃的特殊光效，使其成为多样化的光电艺术玻璃产品。

（3）LED 玻璃的用途：它主要用于室内外装饰、家具设计、灯管照明设计、室外幕墙玻璃、阳光房设计等领域，如彩图 8-19 所示。

8.4.2 新颖的玻璃材料

1. 智能玻璃

智能玻璃是通过特殊材料制作的玻璃，它能根据外界环境来改变自身的特性，从而保持一个恒定环境，达到节约能源的目的。

1）变色玻璃

1992 年，加利福尼亚大学的研究人员研制出一种智能高技术型着色玻璃，它能在某些化合物中改变颜色。这种成品玻璃有足够多的孔容纳小气体分子，如氧气和一氧化碳分子，它们与蛋白质发生反应导致其颜色改变。这种智能玻璃可用来监测大气中的气体，如果做成光导纤维，它还可监测血流中的气体浓度。

2）变温玻璃

科学家们研制了一种绿色的智能变温玻璃窗户。在阳光充沛、气候暖和的时候，聪明的窗户就会自己打开，并充分吸收阳光；而当到了寒冷的季节，吸收阳光的同时，窗户自己会散发出热量，如暖气一般，使房间可以不再使用暖气、空调等取暖设备。这种新窗户是用廉价的材料以及完全自动化的系统组合而成，夏天保持凉爽，冬天提供温暖。目前，韩国、日本的科学家运用纳米技术也研制了一种智能变温玻璃，它不但节能环保，还可以运用到任何地方，比如汽车上。目前生产奔驰汽车的公司已有意向使用，未来新型的奔驰轿车上有望安装变温玻璃。

3）影像玻璃

这种玻璃如果安装到汽车上，司机可以直接从挡风玻璃上得到车的路线导航、标记和信息系统，如图 8-20 所示。还可以在雾雨天气里看到一英里以外的景物。

4）隔热发电自洁隔音光电玻璃

该玻璃是台湾大学教授杨锦怀发明的智能玻璃。当太阳光从外照射该光电玻璃时产生电能，光线继续前进，遇到中间的隔热高反射膜，将所有红、紫外线与部分可见光反射到光电玻璃的外缘，让光电玻璃二次发光。该玻璃可用于玻璃

图8-20 影像玻璃

幕墙、玻璃门窗等，如图 8-21 所示。

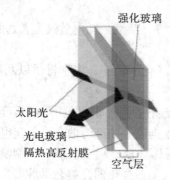

图8-21　发电的光电玻璃原理示意图与用途

5）防雨、防光玻璃

这种玻璃的表面采用新技术处理，具有防水和降低玻璃反射光数量的性能，除用于车窗玻璃以外，主要用于车内各种仪表面罩，以防反射的强光影响开车人的视线。

2. 记忆玻璃

记忆玻璃就是将印有文字和图像的纸片盖在透明的玻璃上，用短波紫外线、X 射线、γ 射线进行高能电磁辐射，玻璃就能自动"默记"这些文字、图像，当受到日光等长波光源照射后，在暗背景中保存的这种玻璃仍能把文字、图像再现出来的一种具有一定记忆功能的神奇玻璃，如彩图 8-22 所示。

这种神奇的记忆玻璃是由中国科学院长春应用化学研究所研制成功的，这是世界上首次发现玻璃的存储记忆功能。记忆玻璃是由一种新型红色长余辉发光材料在玻璃上经特殊工艺处理制成的，长余辉发光材料的主要原料提取自稀土。我国稀土储量占世界总量的 80%，长余辉发光材料的研发不仅可以带动稀土资源的综合开发利用，同时，由于不用电就能发光，使得长余辉发光材料在工业、民用领域的用途十分广泛。待"储光"技术进一步成熟后，这种玻璃在高科技领域的应用前景不可限量，一套大百科全书的内容都可能"写"在一块拇指大小的玻璃晶片上，而动态的三维立体影像也可以完整无损地长时间保存下来。

彩图 8-23 所示是英国南安普敦大学光电学研究中心研制成功的"记忆晶体"玻璃硬盘，该玻璃硬盘可存储 50 G 数据，可以承受 900℃高温，在存储信息不退化的情况下可持续使用数千年时间。"记忆晶体"玻璃硬盘的制作过程是在纯石英玻璃中放置一种叫作"体素（Voxels）"的微小圆点，用以改变穿过其中光线的移动路径，之后使用光学解码器阅读这些体素包含的信息，使用户能写入或者删除数据。这种新型硬盘可使数据存储在玻璃载体内，并持续很长时间，这是一种稳定安全的便携式存储器，对于大量文档资料的保存十分有用。

3. 可钉玻璃

可钉玻璃是日本研制成功一种新型玻璃，是把硼酸玻璃粉与碳化纤维混合后加热制成的。采用硬质合金强化的可钉玻璃，最大断裂力为一般玻璃的 2 倍以上，无脆性，可在上面钉钉子和装螺丝。

4. 嵌入无线电玻璃

日本成功研制了一种可将无线电天线嵌入玻璃内部的玻璃，还可将蜂窝电话或电视机等各种设备嵌入到玻璃里面。这种玻璃如果用在汽车上，不会因天线而破坏汽车整体形象。

5. 灭菌玻璃

在制造玻璃时，加入适量的铜离子，使得玻璃具有灭菌、防霉的作用。灭菌玻璃可用作器皿盛放食品，可在 24 小时内杀死病菌，并防止食品霉变。

6. 发电玻璃

这种玻璃吸收太阳光能量后就可以发电，将它安装到窗户上可供室内照明，甚至能给电视机等电器提供电能。

第9章 新材料、新技术与新工艺

新型材料产业被公认为是全球最重要、发展最快的高新技术产业之一。新材料、新技术与新工艺是当今世界高新技术的核心支柱，也是产业进步的重要推动力。新型材料，尤其是新型功能材料，对工业、农业、交通、信息、国防以及其他高新技术产业的发展起到了毋庸置疑的支撑作用，同时新技术与新工艺，为人们在视觉与触觉上提供了更多、更美、更新的精神享受，赋予新型材料丰富的质感。本章主要介绍目前在工程领域使用的新型材料以及新技术和新工艺。

9.1 复合材料及其工艺

复合材料是由两种或两种以上不同性质的材料，通过物理和化学方法组成的具有多相态结构的材料。不同性能的材料通过复合发生协同效应，取长补短，使得复合材料的综合性能不仅优于组分中材料的自身性能，而且具有各自不具有的独特性能。

9.1.1 复合材料的分类

1. 按照用途分类

复合材料按照用途分为结构复合材料和功能复合材料。

1）结构复合材料

结构复合材料是指作为承力结构使用的一类材料，由增强体（Reinforcement）组元和基体（Matrix）组元组成。增强体用于承受载荷，基体用于联结增强体组元形成整体材料，同时又起传力的作用。

按基体组元不同，结构复合材料分为金属基和非金属基两大类。金属基体通常包括铝、镁、铜、钛及其合金；非金属基体主要有合成树脂、橡胶、陶瓷、石墨、炭等。增强体组元主要有玻璃纤维、碳纤维、硼纤维、芳纶纤维、碳化硅纤维、石棉纤维、晶须、金属丝和硬质细粒等。

近年国内外兴起了一类新型的复合材料，即木塑复合（Wood-Plastic Composites，WPC）材料。木塑复合材料是利用聚乙烯、聚丙烯和聚氯乙烯等代替通常的树脂胶黏剂，与超过50%以上的木粉、稻壳、秸秆等废植物纤维混合成新的木质材料，再经挤压、模压、注射成型等生产出的板材或型材，主要用于建材、家具、物流包装等行业。木塑复合材料同时具备植物纤维和塑料的优点，几乎可涵盖所有原木、塑料、塑钢、铝合金及其他类似复合材料的使用领域，同时也解决了塑料、木材行业废弃资源的再生利用问题，具有原料资源化、产品可塑化、使用环保化、成本经济化、回收再生化的优势。

2）功能复合材料

功能复合材料是指除机械性能以外，还提供其他物理、化学、生物等特殊性能的一类复合材料，如压电、导电、阻燃、吸声、隐身、永磁、光致变色、生物自吸收等凸显某一功能的复合材料，如电磁波吸收功能复合材料、聚合物基摩阻功能复合材料、光功能复合材料等。功能复合材料的组成，除了包含增强体和基体组元外，还有功能体组元。其中，功能体组元可由一种或以上功能材料组成。具有多元功能体的复合材料可以具有多种功能，同时还有可能由于复合效应而产生新的功能。

未来的功能复合材料是复合材料发展的主流，比重将超过结构复合材料。其研究方向主要集中在多功能复合材料、纳米复合材料、仿生复合材料和多功能智能复合材料等领域。

2. 按其结构特点分类

复合材料根据分散相的几何形状（粒状、纤维状和薄片状）可分为纤维型、颗粒型、层合型、混杂型复合材料。

1）纤维增强型复合材料

纤维增强型复合材料是将各种纤维增强体置于基体材料内复合而成的，其结构如图9-1所示。纤维增强复合材料的品种很多，按照纤维的长短可分为短纤维增强复合材料、长纤维复合材料和杂乱短纤维增强复合材料；按照基体的不同，可分为纤维增强塑料（如碳纤维增强环氧树脂、硼纤维增强环氧树脂、玻璃纤维增强塑料）、纤维增强金属（如硼纤维增强铝、石墨纤维增强铝等）、纤维增强陶瓷（如碳纤维增强陶瓷）、玻璃纤维增强水泥等。

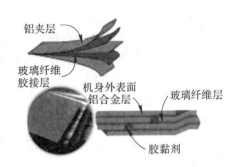

图9-1 纤维增强复合材料结构

2）颗粒型复合材料

颗粒型复合材料是将粒状材料分散于基体中复合而成的。金属基颗粒型复合材料是将碳化物、氮化物、石墨等硬质细粒均匀分布于金属基体中，增强金属或合金基体性能的一类复合材料，如弥散强化合金、金属陶瓷等。这类复合材料是目前研究发展较成熟的复合材料，其批量成型加工相对容易，制造成本较低。常选用的颗粒有碳化硅、碳化钛、碳化硼、碳化钨、氧化铝、氮化硅、硼化钛、氮化硼及石墨等，颗粒的尺寸一般在 $3.5 \sim 10 \mu m$。

3）层合型复合材料

层合型复合材料是由不同性质的面材和芯材组合而成的。其结构如图9-2所示。

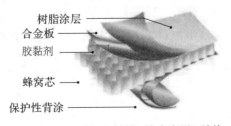

图9-2 层合型复合材料（蜂窝夹层）结构

面材通常薄、强度高,常用的有金属(铝合金、不锈钢、钛合金等)、塑料板、胶合板、绝缘纸、玻璃钢和各种复合材料。

芯材质轻、强度低,但具有一定刚度和厚度。常用的芯材有泡沫夹层、轻木夹层、波板夹层、蜂窝夹层等。泡沫夹层常用的是 PVC、PET、PEI、PMI、SAN 等,PVC 用得最多;轻木夹层是 Balsa 轻木(一种生长于南美洲厄瓜多尔地区的一种特殊树种),具有天然性、可降解和可再生的特点,其剪切模量最高,可以使夹芯结构具有非常高的刚度;波板夹层、蜂窝夹层是用金属材料或复合材料制成波纹板或蜂窝型,由于芯材各向异性,其复合材料的综合性能好,具有很高的压缩强度和压缩模量。

夹层与表板一般用胶黏结在一起,也可用熔焊等焊接连接。由于夹层结构的两表板之间距离较大,所以夹层结构的弯曲刚度比一般板壳结构大得多,失稳临界应力显著提高。夹层结构自身不用铆钉,免除了钉孔引起的应力集中,提高了疲劳强度。但是夹层结构与相邻结构的连接较为复杂,夹层本身的局部接触强度较弱,又需承受连接的集中力,妥善进行接头设计非常重要。

现在出现一种新型的微叠层复合材料,它是将两种或多种聚合物通过一组特殊层叠器进行共挤出,从而形成几十乃至上千交替层。用这种特种加工技术制备出的具备微叠层结构的金属、金属间化合物复合材料,可用作航空飞行器或航空发动机的高温结构,克服了金属间化合物的本征脆性所导致其室温下的断裂韧性很差的问题。

4)混杂型复合材料

混杂型复合材料是由两种或两种以上增强相材料混杂于一种基体相材料中构成的。与普通单增强相复合材料相比,其冲击强度、疲劳强度和断裂韧性显著提高,具有特殊的热膨胀性。混杂型复合材料分为层内混杂、层间混杂、夹芯混杂、层内、层间混杂和超混杂复合材料。

9.1.2 复合材料的成型方法

复合材料的成型方法主要取决于基体材料,表 9-1 所示为主要的成型方法。

表 9-1 复合材料的成型方法

基体材料	成型方法
树脂基复合材料	手糊、喷射、纤维缠绕、模压、拉挤、树脂传递模塑(RTM)、热压罐、隔膜、迁移、反应注射、软膜膨胀、冲压等成型
金属基复合材料	固相成型法(在低于基体熔点温度下,通过施加压力实现成型,包括扩散焊接、粉末冶金、热轧、热拔、热等静压和爆炸焊接等)。液相成型法(将基体熔化后,充填到增强体材料中,包括传统铸造、真空吸铸、真空反压铸造、挤压铸造及喷铸等)
陶瓷基复合材料	固相烧结、化学气相浸渗、化学气相沉积等成型
微叠层复合材料	特殊的层叠器挤出工艺成型

9.1.3 复合材料的应用

复合材料的应用非常广泛。比如在航空航天领域,由于复合材料热稳定性好,比强度、比刚度高，可用于卫星天线及其支撑结构、太阳能电池翼和外壳、大型运载火箭的壳体、发动机壳体、航天飞机结构件、飞机机翼和前机身等，如图 9-3 所示的 A350 空中客机，除了铝、铝合金、钢、钛等材料外，52% 使用的都是复合材料；在汽车工业领域，由于复合材料具有特殊的振动阻尼特性，可减振和降低噪声，抗疲劳性能好，损伤后易修理，便于整体成型，常用于制造汽车车身、受力构件、传动轴、发动机架及其内部构件（见图 9-4）；在化工、纺织和机械制造领域，由于复合材料具有良好耐蚀性，常用于制造化工设备、纺织机、造纸机、复印机、高速机床、精密仪器等；在医学领域，由于一些复合材料，如碳纤维复合材料具有优异的力学性能和不吸收 X 射线特性，可用于制造医用 X 光机和矫形支架等。碳纤维复合材料还具有生物组织相容性和血液相容性，且在生物环境下稳定性好，也用作生物医学材料。此外，复合材料还用于制造体育运动器件和用作建筑材料等（见图 9-5）。

图9-3　A350空中客机　　图9-4　宝马M4（碳纤维复合材料）　　图9-5　建筑（木塑复合材料）

下面列举几种典型的复合材料及其应用。

1. 树脂基纤维增强复合材料

1）热固性树脂基复合材料

热固性树脂基复合材料是以热固性树脂（如不饱和聚酯树脂、环氧树脂、酚醛树脂、乙烯基酯树脂等）为基体，以玻璃纤维、碳纤维、芳纶纤维、超高分子量聚乙烯纤维、云母等为增强材料制成的复合材料。

热固性树脂基复合材料产品主要用于建筑、轻工、交通运输、造船等工业领域。在建筑方面，其产品有内外墙板、透明瓦、冷却塔、空调罩、风机、玻璃钢水箱、卫生洁具、净化槽等；在石油化工方面，主要用于管道及贮罐；在交通运输方面，汽车上主要用于车身、引擎盖、保险杠等配件，火车上用于车厢板、门窗、座椅等，船艇上主要用于气垫船、救生艇、侦察艇、渔船等；在机械及电器领域，如屋顶风机、轴流风机、电缆桥架、绝缘棒、集成电路板等产品，都有广泛的应用；在航空航天及军事领域，如轻型飞机、尾翼、卫星天线、火箭喷管、防弹板、防弹衣、鱼雷等，都取得了重大突破。比如：

（1）玻璃纤维复合材料：不仅应用在军用方面，近年来民用产品也有广泛应用，如防弹头盔、防弹服、直升机机翼、预警机雷达罩、各种高压压力容器、体育用品、耐高温制品等。

（2）碳纤维复合材料：碳纤维具有质轻、强度高、模量高、耐高温、导电等一系列性能，率先在航空航天领域得到广泛应用，近年来在运动器具和体育用品方面也广泛采用。据预测，土木建筑、交通运输、汽车、能源等领域将会大规模采用工业级碳纤维。

（3）芳纶纤维复合材料：由于芳纶纤维比强度、比模量较高，因此被广泛应用于航空航天领域的高性能复合材料零部件（如火箭发动机壳体、飞机发动机舱、整流罩、方向舵等）、舰船(如航空母舰、核潜艇、游艇、救生艇等)、汽车(如轮胎帘子线、高压软管、摩擦材料、高压气瓶等)以及耐热运输带、体育运动器材等。

(4) 超高分子量聚乙烯纤维复合材料:超高分子量聚乙烯纤维的比强度在各种纤维中位居第一,其抗化学试剂侵蚀性能和抗老化性能也十分优良。它还具有优良的高频声呐透过性和耐海水腐蚀性,许多国家已用它来制造舰艇的高频声呐导流罩,大大提高了舰艇的探雷、扫雷能力。除了军事领域外,超高分子量聚乙烯纤维在汽车制造、船舶制造、医疗器械、体育运动器材等领域也有广阔的应用前景。该纤维一经问世就引起了世界发达国家的极大兴趣和重视。

(5) 云母复合材料:具有高刚性、高热变形温度、低收缩率、低挠曲性、尺寸稳定以及低密度、低价格等特点,可制作汽车仪表盘、前灯保护圈、挡板罩、车门护栏、电机风扇、百叶窗等部件,利用其阻尼性可制作音响零件,利用其屏蔽性可制作蓄电池箱等。

2) 热塑性树脂基复合材料

热塑性树脂基复合材料是 20 世纪 80 年代发展起来的复合材料,主要有长纤维增强粒(LFP)、连续纤维增强预浸带(MITT)和玻璃纤维毡增强型(GMT)的热塑性复合材料。根据使用要求不同,树脂基体主要有 PP、PE、PA、PBT、PEI、PC、PES、PEEK、PI、PAI 等热塑性工程塑料,纤维种类包括玻璃纤维、碳纤维、芳纶纤维和硼纤维等一切可能的纤维品种。随着热塑性树脂基复合材料技术的不断成熟以及可回收利用的优势,该品种的复合材料发展较快,其在欧美发达国家已经占到树脂基复合材料总量的 30% 以上。

高性能热塑性树脂基复合材料的基体以 PP、PA 为主,以注射件居多,如管件(弯头、三通、法兰)、阀门、叶轮、轴承、电器及汽车零件,还有挤出成型管道、GMT 模压制品(座椅以及支架)、汽车踏板等。玻璃纤维增强聚丙烯在汽车中的应用包括通风和供暖系统、空气过滤器外壳、变速箱盖、座椅架、挡泥板垫片、传动皮带保护罩等。

2. 颗粒增强铝基复合材料

以颗粒增强铝基复合材料为代表的金属基复合材料因其优异的性能在航空航天领域、汽车行业都得到了很好的应用。另外,该复合材料还应用于电子封装领域、建筑、体育设施、民用行业等领域。

在航空航天领域,由于其产品对材料的性能要求很高,尤其在轻量化、耐高温以及尺寸稳定性等方面,美国国防部采用 SiCp/6092 铝基复合材料用于制造 F-16 的腹鳍,使高速飞行更加稳定,机翼寿命提高一倍以上,此法不仅大幅度地降低了检修次数,还进一步提高了机动性能;F-18 "大黄蜂"采用碳化硅颗粒增强铝基复合材料替代铝青铜用于制备液压制动器缸体;英国已经成功采用 SiCp/2124Al 的复合材料制备导弹的零部件,并已经投入使用;加拿大 Cercast 公司成功试制了飞机上使用的光学底座、万向支架等精密铸件及液压管、压气机蜗壳等铝基复合材料零件;我国哈尔滨工业大学研制的碳化硅颗粒增强铝基新型复合材料管件已用于某天线丝杆,北京航空材料研究院研制了碳化硅颗粒增强铝基新型复合材料精铸件(镜身、镜盒和支撑轮)用于某遥感器定标装置,并且成功地试制出空间光学反射镜零件。

在汽车行业,颗粒增强铝基复合材料应用也很广泛。自 20 世纪 90 年代以来,采用碳化硅或氧化铝颗粒增强铝基复合材料来制造汽车驱动轴、连杆、发动机缸体及高速列车刹车盘。日本日产汽车公司制成了采用以碳化硅晶须为增强体的铝基复合材料的汽车发动机连杆；日本本田汽车公司研制出 18-8 不锈钢长纤维增强铝基复合材料制造的汽车连杆；丰田汽车公司制成了 SiC 颗粒局部增强铝基复合材料汽车发动机活塞；美国的 Duralcan 公司研制出用碳化硅颗粒增强铝基复合材料制造的汽车制动盘、汽车发动机活塞和齿轮箱等汽车零部件，且极大地提高了耐磨性，降低了噪声；德国和加拿大等国家也用碳化硅颗粒增强铝基复合材料制成了轴承、活塞、汽缸内衬、齿轮、连杆摇臂等零部件。在抗摩擦磨损方面，国外已经研制出大批量的复合材料件，如国内采用铝基复合材料制造的汽车发动机活塞和汽缸已应用于解放牌汽车。汽车和高速列车等机械采用的复合材料件是未来复合材料研究的方向。

9.2 纳米材料及其工艺

纳米材料是在三维空间中至少有一维处于纳米尺度范围（1 ～ 100 nm）或由它们作为基本单元构成的材料。纳米材料除了其颗粒在纳米量级外，更重要的是其性能发生改变或原有性能有显著的提高。纳米材料大部分是人工制备的，属于人工材料，但是自然界早就存在纳米颗粒和纳米固体，如天体的陨石碎片、人体和兽类的牙齿都是由纳米材料构成的。

9.2.1 纳米材料的分类

（1）按照化学组成，可分为金属纳米材料、陶瓷纳米材料、无机纳米材料、有机纳米材料、复合纳米材料等；

（2）按照几何结构，可分为零维纳米材料（颗粒）、一维纳米材料（纳米管或纤维）、二维纳米材料（薄膜）、三维纳米材料（纳米块体）；

（3）按照用途，可分为功能纳米材料和结构纳米材料；

（4）按照性能，可分为纳米润滑剂、纳米电子材料、纳米光电材料、纳米生物医用纳米半透膜、纳米敏感材料、纳米储能材料等。

（5）按照纳米材料内部的有序性，可分为晶体纳米材料和非晶纳米材料。

9.2.2 纳米材料的制备方法

1. 气体冷凝法

1963 年 Ryozi Oyeda 等人研制出比较干净的纳米微粒。20 世纪 80 年代初，德国萨尔蓝大学 H.Gleiter 等人用气体冷凝法制得具有清洁表面的纳米微粒，以及在超高真空条件下通过紧压致密手段得到多晶体（纳米微晶）。

2. 溅射法

溅射法是用两块金属板分别作为阳极和阴极，阴极用来为蒸发材料两极间充入 Ar 气并施加 0.3 ～ 1.5 kV 的电压。该方法可制备多种纳米金属，包括高熔点和低熔点金属；能制备多组元的化合物纳米微粒，如 ZrO_2 等。通过加大被溅射的阴极表面可提高纳米微粒的获得量。

3. 激光诱导化学气相沉积

1986 年美国 MIT（麻省理工学院）建成年产几十吨的激光诱导化学气相沉积装置。它的优点是通过调节工艺参数（激光功率密度、反应池压力、反应气体配比和流速、反应温

165

度等)得到表面清洁、粒子大小可精确控制、无黏结、粒度分布均匀的几纳米至几十纳米的非晶态或晶态纳米微粒。

4. 溶胶－凝胶法

该方法是将制备金属有机化合物作为前驱体，然后将前驱体混入聚合物基质中，通过化学或热还原等方法将前驱体还原成金属或生成硫化物等半导体纳米晶体。其优点是制成的材料化学均匀性好、纯度高、颗粒细，可容纳不溶性组分或不沉淀组分；缺点是块体材料烧结性不好，干燥时收缩大。

5. 高能球磨法

高能球磨法是在干燥的球型装料机内将粉末粒子重复进行熔接、断裂、再熔接的过程。

9.2.3 纳米效应及纳米材料的应用

纳米材料的物理、化学性质既不同于宏观物体，也不同于微观物体，原子和分子的相互作用，直接影响着纳米材料的宏观性质。如纳米光学材料会产生异常的吸收功能，较脆的纳米陶瓷会成为可变形陶瓷。体表面积的变化使得纳米材料的灵敏度比体材料高很多，位错滑移受到边界的限制使得纳米晶体的硬度比体材料高很多，如铜的纳米晶体的硬度是其微米尺度的 5 倍。

1. 纳米效应

纳米效应是指纳米材料具有传统材料所不具备的奇异或反常的物理、化学特性。如原本导电的铜在某一纳米级范围内就不再导电，原来绝缘的二氧化硅、晶体等在某一纳米级范围内可以导电。这是由于纳米材料具有颗粒尺寸小、比表面积大、表面能高、表面原子所占比例大等特点，即典型的纳米效应：尺寸效应（Size Effect）、表面效应（Surface Effect）和量子尺寸效应（Quantum Size Effect）。

1）尺寸效应

尺寸效应是指当超微粒子的尺寸与光波波长、德布罗意波长以及超导态的相干长度或透射深度等特征尺寸相当或更小时，周期性的边界条件将破坏其声、光、电磁、热力学等特性，并会呈现新的效应。比如当金属或非金属被制备成小于一定尺度的粉末时，其物理性质就发生了本质上的变化，具有高强度、高韧性、高比热、高导电率、高扩散率及对电磁波具有强吸收性等性质。

2）表面效应

表面效应是指随着粒子尺寸的减小，表面原子占有比例迅速增加，而表面粒子缺少近邻原子的配位，极不稳定，很容易与其他原子结合，表现出很高的活性、超塑性、高韧性、热膨胀系数明显增大、热稳定性低、处于亚稳态、熔点低等性质。

3）量子尺寸效应

量子尺寸效应是指当粒子尺寸减小到某一数值时，费米能级附近的电子能级由准连续变为离散能级或者能隙变宽的现象。当能级的变化程度大于热能、光能、电磁能的变化时，导致纳米微粒的磁、光、声、热、电及超导特性与常规材料有显著的不同。

2. 纳米材料的应用

由于纳米材料特殊的性质，纳米材料具有广阔的应用前景。彩图 9-6 所示是纳米陶瓷制品，它克服了陶瓷材料的脆性，使陶瓷具有像金属似的柔韧性和可加工性。英国材料学家

Cahn 指出，纳米陶瓷是解决陶瓷脆性的战略途径。彩图 9-7 所示为纳米机器人，它是以分子水平的生物学原理为设计原型，设计制造可对纳米空间进行操作的"功能分子器件"。第一代纳米机器人是生物系统和机械系统的有机结合体，这种机器人可注入人体血管内，进行健康检查和疾病治疗，还可用来进行人体器官的修复工作、整容手术等，并且可以从基因中除去有害的 DNA，或把正常的 DNA 安装在基因中，使机体正常运行；第二代纳米机器人是直接将其从原子或分子装配成具有特定功能的纳米尺度的分子装置；第三代纳米机器人将包含有纳米计算机，是一种可以进行人机对话的装置。彩图 9-8 所示是碳纳米管，它具有典型的层状中空结构特征，巨大的长径比使其有望用作坚韧的碳纤维，其强度为钢的 100 倍，重量则只有钢的 1/6，同时还有望用作分子导线、纳米半导体材料、催化剂载体、分子吸收剂和近场发射材料等。碳纳米管将成为 21 世纪最有发展前景的纳米材料。

系统地研究和开发新型纳米材料具有重要的现实意义，同时深入研究纳米材料的各种物性及其微观结构的内在联系，对于进一步促进低维固体物理的发展也具有深刻的理论意义。表 9-2 列出了纳米材料的主要用途。

表 9-2 纳米材料的主要用途

性能	用途
力学性能	采用纳米材料技术对机械关键零部件进行金属表面纳米粉涂层处理，可以提高机械设备的耐磨性、硬度和使用寿命。特别是陶瓷增韧和高韧高硬涂层
光学性能	纳米材料具备良好的吸光或吸波特性，可用作光学纤维、光反射、吸波隐身、光过滤、光存储、光开关、光导电体发光、光学非线性元件、红外线传感器、光折变等的材料，用于电磁波屏蔽、隐形飞机等
磁性	纳米尺寸的强磁性颗粒，当其粒度尺寸为单磁临界尺寸时，具有很高的矫顽力，可制成各种磁性材料，广泛应用于电声器件、阻尼器件，以及旋转密封、磁性选矿等领域
电学性能	用作导电浆料、电极、超导体、量子器件、压敏电阻、非线性电阻、静电屏蔽材料等
催化性能	用作催化剂
热学性能	用作耐热、热变换、低温烧结等材料
敏感特性	纳米材料比表面积大，表面活性高，可用作各种敏感材料，如湿敏、温敏、气敏等传感器、热释电材料。纳米材料制作的气敏元件不仅保持了粗晶材料的优点，而且改善了响应速率，增强了气敏选择性，还可以有效地降低元件的工作温度
其他	广泛地应用于生物医药领域，如进行细胞分离、细胞染色，医疗诊断，消毒杀菌，以及用于制作药物载体
	利用纳米技术可制备远红外纺织品、防紫外线织物、抗菌纺织品、导湿排汗织物、抗静电织物、磁性抗癣织物、芳香复合纤维高性能纤维自动发光织物、反光织物等
	环境科学领域将出现功能独特的纳米膜。这种膜能够探测到由化学和生物制剂造成的污染，并能够对这些制剂进行过滤，从而消除污染，可用于污水处理，废物处理，空气消毒等
	用于电池、储氢的能源材料，用作助燃剂、阻燃剂、抛光液、印刷油墨、润滑剂等
	用纳米材料制成的纳米材料多功能塑料，具有抗菌、除味、防腐、抗老化、抗紫外线等作用，可用作电冰箱、空调外壳里的抗菌除味塑料
	采用纳米技术构筑计算机器件，形成"分子计算机"，使其成为真正的"掌上电脑"，其袖珍程度远非今天的计算机可比，并且极大地节约了材料和能源

9.2.4　纳米复合材料

近年来纳米复合材料的发展很快，世界发达国家新材料发展战略都把纳米复合材料的发展放到重要的位置，其研究方向主要包括纳米聚合物基复合材料、纳米碳管功能复合材料、纳米钨铜复合材料。

纳米聚合物基复合材料主要是采用同向双螺杆挤出方法分散纳米粉体，分散水平达到纳米级，得到性能符合设计要求的纳米复合材料。纳米聚合物复合材料的成型工艺不同于普通的聚合物，还需不断开展对于新的成型方法的研究，以促进纳米复合材料的产业化。

碳纳米管功能复合材料是 1991 年 Lijiman 发现的。它是在一定条件下由大量碳原子聚集在一起形成的同轴空心管状的纳米级材料，其径向尺寸为纳米级，轴向尺寸为微米级，是理想的一维量子材料。该材料具有优于铜的导电性、优良的导热性能、摩擦学性能、抗静电性能、阻燃性能，以及特别优秀的力学性能。

纳米钨铜复合材料具有良好的导电和导热性以及低的热膨胀系数，因此被广泛地用作电接触材料、电子封装和热沉材料。采用纳米粉末制备的纳米钨铜复合材料具有非常优越的物理性能。

9.3　生态环境材料

生态环境材料是具有良好的使用性能和优良的环境协调性的材料，是人类主动考虑材料对生态环境的影响而开发的材料。生态环境材料最早是由日本学者山本良一教授于 20 世纪 90 年代初提出的一个新概念，它充分考虑了人类、社会、自然三者之间的相互关系，代表了材料科学的一个新的发展方向，符合人与自然和谐发展的基本要求，是材料产业可持续发展的必由之路。

9.3.1　生态环境材料的分类

生态环境材料是对资源和能源消耗少、对生态和环境污染小、再生利用率高或可降解化或可循环利用，且从材料制造、使用、废弃直至再生利用的整个寿命周期中，都具有与环境的协调共存性的一类材料。生态环境材料并非仅特指新开发的新型材料，任何一种材料只要经过改造达到节约资源并与环境协调共存的要求，就应视为生态环境材料。生态环境材料按照与环境的协调特征和用途可分为：

（1）环境相容材料：藏量丰富的矿物、天然能源、天然材料等，如木材、石材等。

（2）环境降解材料：能完全降解的高分子材料，如生物降解塑料等。

（3）环境工程材料：能改善环境，强调生态效率，即强调性能-环境负荷比的环境修复材料，如在高分子材料加工和使用过程中使产生的有害物质无害化的处理技术与材料。

（4）环境净化材料：无害材料、"清洁"材料，如分子筛、离子筛，还包括能减少生命周期中的环境负荷、生态化的生产工艺等。

（5）环境替代材料：如无磷洗衣粉助剂。

（6）仿生物材料：如人工骨、人工器脏等。

（7）绿色包装材料：如绿色包装袋、包装容器等。

（8）生态建筑材料：如无毒装饰材料等。

9.3.2 生态环境材料的主要研究方向

生态环境材料是在人类认识到生态环境保护的战略意义的背景下提出来的，是国内外材料科学与工程研究发展的必然趋势。生态环境材料的研究内容比较广泛，主要有生态材料与生态环境的研究与开发、材料在制备加工中的环境协调性技术研究、材料环境协调性评价研究等。

1. 生态材料与生态环境的研究与开发

目前研究主要集中在纯天然材料、仿生物材料、绿色包装材料、生物降解材料、可再生和循环应用材料、环境工程材料及生态建筑材料等。其中，生物降解材料主要包括生物降解塑料和可降解无机磷酸盐陶瓷等材料，当前市场的生物降解材料主要有淀粉基塑料和脂肪族聚酸塑料制品，针对它的开发一直是热门课题之一；可再生和循环应用材料研究是实现可持续发展的一个重要途径，目前研究热点是各种先进的再生、再循环利用工艺及系统等；环境工程材料，包括治理大气污染、水污染或处理固态废弃物等不同用途的各种材料。

2. 材料在制备加工中的环境协调性技术研究

目前研究主要包括了零排放与零废弃加工技术研究、材料在使用中的环境协调性技术研究、降低环境负荷的材料加工工艺和技术及新方法研究。降低加工和使用工程中对环境的影响是目前研究的一个重要方向。

3. 材料环境协调性评价研究

材料环境协调性研究，必须表达对材料的客观表征与评价。对材料、产品及其生产、制备、使用直到废弃整个生命周期或某个环节的环境负荷的评价是改造该材料产品的基础性工作，也是研究重点。材料生命周期评估（MLCA）是材料主要的环境认证标准。其次，制订实施生态材料的教育计划及相关的行政法规，可以在实际生产中，使材料的研究者、生产者和使用者都来关心材料生产和使用过程中对环境造成的影响，促进材料环境性能的改进，从而达到保护环境的目的。我们应把环境意识引入材料科学与工程中，进而逐步建立和健全生态环境材料的完整体系。

总之，生态环境材料必将成为未来新材料的一个重要分支，作为跨材料科学、环境科学以及生态科学等学科的新型材料，在保持资源平衡、能源平衡和环境平衡，实现社会和经济的可持续发展等方面将起到非常重要的作用。如果在生产和生活中广泛使用该类材料，就可以实现社会的可持续发展，使资源和能源得到有效的利用，使我们的生产和生活环境得到有效的保护。生态环境材料代表着科学技术发展的方向和社会发展进步的趋势，将对人类社会进步起到巨大的推动作用。

9.4 智能材料

智能材料是对环境可感知且可响应并具有自诊断、自修复功能的新型材料。智能材料是受集成电路技术启发、将信息科学融入材料物性和功能的一种材料新构想，它是在原子、分子水平上对材料进行控制，在不同的层次上赋予材料自检测、自判断、自结论和自指令、自执行等特性所设计出的新型材料。其共同特征是响应性。

9.4.1　智能材料的构成及特性

1. 智能材料的构成

一般智能材料由基体材料、敏感材料、驱动材料和信息处理器四部分构成。

（1）基体材料：起承载作用，一般选用轻质材料。首选高分子材料，因为其重量轻、耐腐蚀，具有黏弹性的非线性特征；其次选用金属材料，以轻质有色合金为主。

（2）敏感材料：担负传感任务，其主要作用是感知环境变化（包括压力、应力、温度、电磁场、pH 值等）。常用敏感材料包括形状记忆材料、压电材料、光纤材料、磁致伸缩材料、电致变色材料、电流变体材料、磁流变体材料和液晶材料等。

（3）驱动材料：担负响应和控制的任务。常用的材料包括形状记忆材料、压电材料、电流变体材料和磁致伸缩材料等。因为在一定条件下驱动材料可产生较大的应变和应力，所以驱动材料也是敏感材料。

2. 智能材料的特性

智能材料具有感知、驱动、响应和恢复功能。

（1）感知功能：能检测并可识别外界或内部的刺激强度，如应力、应变、热、光、电、磁、化学反应或核辐射等。

（2）驱动、响应功能：具有驱动特性及响应环境变化的功能，能以设定的方式选择和控制响应。

（3）恢复功能：当外部刺激条件消除后，能迅速恢复到原始状态。

9.4.2　智能材料的分类

根据材料的来源，智能材料分为金属系智能材料、无机非金属系智能材料及高分子系智能材料。

1. 金属系智能材料

金属系智能材料的强度比较大、耐热性好且耐腐蚀性能好，常用在航空、航天和原子能工业中作为结构材料。金属材料在使用过程中会由于产生疲劳龟裂及蠕变变形而损伤，而金属系智能材料不但可以检测自身的损伤，而且可将其抑制，具有自修复功能，从而确保使用过程中的稳定性。目前研究开发的金属系智能材料主要有形状记忆合金和形状记忆复合材料两大类。

2. 无机非金属系智能材料

无机非金属系智能材料可局部吸收外力以防止材料整体变坏。目前此类智能材料在电流变流体、压电陶瓷、光致变色和电致变色材料等方面发展较快。

3. 高分子系智能材料

高分子系智能材料的范围很广泛，如具有刺激响应性的智能材料高分子凝胶，其研究和开发非常活跃。此外还有智能高分子膜材、智能高分子黏合剂、智能型药物释放体系、智能高分子基复合材料等。

9.4.3 智能材料的应用

在医学领域，智能材料可作为药物释放体系的载体材料。该药物释放体系可依据病情所引起的化学物质和物理量（信号）的变化，自反馈控制药物释放的通、断特性。例如，血液浓度响应的胰岛素释放体系可有效地把糖尿病患者的血糖浓度维持在正常水平，这种药物释放体系有助于避免产生与疾病有关的并发症。智能材料还可用来制造无需电动机控制并有触觉响应的假肢。

在土木建筑领域，由智能材料组成的智能材料系统及结构拥有裂纹自愈合能力，使桥梁在出现问题时能自动修复。此外还有可以减弱噪声的智能墙纸。

在飞机制造、高精密仪器以及自动化、机械工业等领域，智能材料的感知和自动修复功能，使其在抑制振动和噪声方面发挥着不可替代的作用。如当飞机在飞行中遇到涡流或猛烈的逆风时，机翼中的智能材料能迅速变形，并带动机翼改变形状，从而消除涡流或逆风的影响，使飞机仍能平稳地飞行。

在军事方面，在航空航天器蒙皮中植入能探测激光、核辐射等多种传感器的智能蒙皮，可用于对敌方威胁进行监视和预警。智能材料还能降低军用系统噪声，美国军方发明出一种可涂在潜艇上的智能材料，它可使潜艇噪声降低 60 分贝，并使潜艇探测目标的时间缩短为原来的 1/100 倍，达到更加隐蔽的目的。

9.4.4 智能材料的研究方向

智能材料是一种集材料与结构、智然处理、执行系统、控制系统和传感系统于一体的复杂的材料体系，其设计与制造几乎横跨所有的高技术学科领域。智能材料的出现将使人类文明达到一个新的高度，但距离实用阶段还有一定的距离。未来的研究重点主要包括：智能材料概念设计的仿生学理论研究，材料智然内禀特性及智商评价体系的研究，耗散结构理论应用于智能材料的研究，机敏材料的复合－集成原理及设计理论研究，智能结构集成的非线性理论研究，仿人智能控制理论研究等。

9.5 生 物 材 料

生物材料是与生命系统接触和发生相互作用，并能对其细胞、组织和器官进行诊断治疗、替换修复或诱导再生的一类天然或人工合成的特殊功能材料。生物材料可以替代受损的器官或组织，如人造心脏瓣膜、假牙、人工血管等；改善或恢复器官功能的材料，如隐形眼镜、心脏起搏器等；用于治疗过程，如用于介入性治疗的血管内支架，用于血液透析的薄膜、药物载体与控释材料等。生物材料应满足的基本要求如下：

1. 生物相容性

生物相容性即包括对人体无毒、无刺激、无致畸、致敏、致突变或致癌作用；在体内不被排斥，无炎症，无慢性感染，种植体不致引起周围组织产生局部或全身性反应，最好能与骨骼形成化学结合，具有生物活性；无溶血、凝血反应等。

2. 化学稳定性

化学稳定性包括体液侵蚀后不产生有害降解产物；不产生吸水膨润、软化变质；自身不变化等。

3. 力学条件

力学条件包括足够的静态强度，如抗弯、抗压、拉伸、剪切等；具有适当的弹性模量和硬度；耐疲劳、摩擦、磨损，有润滑性能。

此外，生物材料还应有良好的空隙度，体液及软硬组织易于长入；易加工成型，使用操作方便；热稳定性好，高温消毒不变质等。

目前我国生物材料和制品占世界市场份额较低，产品技术水平处于初级阶段，且产品种类单一。同类产品与国外产品比，大多属于仿制，自主产权较少，产业正处于起步阶段。

未来生物材料的研究方向包括：生物体生理环境、组织内容、器官生理功能及其替代方法；具有特种生理功能的生物医学材料的合成、改性、加工成型以及材料的特种生理功能与其结构关系；材料与生物体的细胞、组织、血液、体液、免疫、内分泌等生理系统的相互作用以及养活材料毒副作用的对策；材料灭菌、消毒、医用安全性评价方法与标准以及医用材料和制品生产管理与国家管理法规。

9.6 新工艺——快速成型

快速成型技术简称 RP（Rapid Prototyping）技术，是在现代 CAD/CAM 技术、激光技术、计算机数控技术、精密伺服驱动技术以及新材料技术的基础上集成发展起来的。不同种类的快速成型系统因所用成型材料不同，成型原理和系统特点也各有不同，但其基本原理是一样的，即"分层制造，逐层叠加"。通俗地讲，快速成型系统就像是一台"立体打印机"。

9.6.1 快速成型的特点

（1）适合形状复杂、精细的零件加工。

（2）不需专门的工装夹具和模具，零件的复杂程度与生产批量、制造成本无关，产品试制周期短，对技术操作者的要求较低。

（3）实现设计制造一体化，且生产柔性高。

9.6.2 快速成型的种类

自美国 3D 公司 1988 年推出第一台光固化（SLA）快速成型机以来，已经有十几种不同的成型系统，其所采用的技术中比较成熟的有 SLA、SLS、LOM 和 FDM 等技术。

1. 光固化快速成型（Stereolithography，SLA）

光固化快速成型技术以光敏树脂为原料，将计算机控制下的紫外激光按预定零件各分层截面的轮廓为轨迹对液态树脂逐点扫描，使被扫描区的树脂薄层产生光聚合反应，从而形成零件的一个薄层截面。当一层固化完毕，移动工作台，在原先固化好的树脂表面上再敷上一层新的液态树脂以便进行下一层扫描固化。新固化的一层牢固地黏合在前一层上，如此重复直到整个零件原型制造完成。光固化快速成型技术是第一个投入商业应用的 RP

技术，其特点是精度高、制品表面质量好，原材料利用率近100%，能制造形状特别复杂、精细的零件。

2. 分层物件制造（Laminated Object Manufacturing，LOM）

分层物件制造技术是一种将单面涂有热溶胶的纸片通过加热辊加热黏结在一起的方法。上方的激光器按照CAD分层模型所获数据，用激光束将纸切割成所制零件的内外轮廓，然后将新的一层纸再叠加在上面，通过热压装置将其和下面已切割层黏合在一起，激光束再次切割，这样反复逐层进行切割—黏合—切割，直至整个零件模型制作完成。

3. 选择性激光烧结（Selected Laser Sintering，SLS）

选择性激光烧结技术采用CO_2激光器作能源，在工作台上均匀地铺上一层很薄的粉末，激光束在计算机控制下按照零件分层轮廓有选择性地进行烧结，一层完成后再进行下一层烧结。全部烧结完后去掉多余的粉末，再进行打磨、烘干等处理即可获得零件。使用的粉末材料包括蜡粉、塑料粉、金属粉或陶瓷粉等。

4. 熔融沉积造型（Fused Deposition Modeling，FDM）

熔融沉积造型技术的关键是保持半流动成型材料刚好在熔点之上，FDM喷头受CAD分层数据控制使半流动状态的熔丝材料从喷头中挤压出来，凝固形成轮廓形状的薄层，一层一层叠加，最后形成整个零件模型。

9.6.3 快速成型产品案例

1. pantarhei指环（见图9-9）

pantarhei指环是一款莫比乌斯环造型的3D打印指环，由墨西哥珠宝设计师Guillermo Meza设计。该造型细节非常复杂，设计者结合3D打印技术和失蜡法，首先建立3D模型，然后用RP技术打印出蜡制模型，最后通过失蜡法用银水浇铸而成。

2. 菊花果盘（见图9-10）

菊花果盘是由南非女设计师Michaella Janse van Vuuren设计的。这位设计师非常迷恋大自然中所呈现的纹理、形状和规律，并喜欢通过数学模型来描述，所设计的菊花果盘看上去仿佛是一朵菊花，纹理复杂并遵循特定规律。该产品通过RP技术直接打印，采用选择性激光烧结工艺，以尼龙丝为耗材打印而成。

3. 网状小猪储蓄罐（见图9-11）

网状小猪储蓄罐是由西班牙马德里的工业设计师Octavio Asensio设计的。设计师把RP技术的骨架结构特质运用在了小猪存储罐上，虽然产品看上去廉价且易碎，但还是很吸引人。

 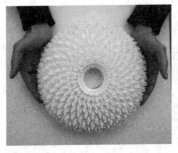 

图9-9 pantarhei指环　　　　图9-10 菊花果盘　　　图9-11 网状小猪储蓄罐

4. 外骨假肢(见图 9-12)

纽约普拉特艺术学院毕业生 William Root 利用 RP 技术打印开发了一套轻量级外骨假肢。首先通过激光扫描患者完整的一条腿,然后根据解剖学程序自动分析并描绘出对称的另一条腿模型,做到外形和真腿分毫不差。同时对患者的截肢剩余组织结构进行扫描,使用来自 MIT 实验室的生物力学技术 FitSocket,利用压感阵列对截至部位的剩余组织进行柔软度和刚度测量,根据应力分析工具和软件来为模型进行结构和密度补强,最终确定模型的构造。该产品利用烧结钛粉末或高强度塑料打印。这些打印出的假肢相比数万美元的传统假肢非常廉价,仅需 1800 美元,且易于生产,实用美观。

5. Luna 自行车(见图 9-13)

Luna 是由来自伦敦的艺术家、设计师 Omer Sagiv 设计的一款 3D 打印自行车。设计师将灵活的 RP 打印技术和市面上可以买到的现成零部件结合到一起,将 RP 技术的灵活性发挥得淋漓尽致。采用 RP 技术,用户可以定制车子的颜色等,充分满足个性化需求。

6. 全球最小的 3D 打印笔 LIX(见图 9-14)

英国 LIX 团队推出了一款全球最小的 3D 打印笔,它可以让你在空中涂鸦,画出任意的 3D 结构。LIX 大小如普通钢笔,首先给笔接上电源线,并将电源线另一头插入 USB 口,接着插入丝线耗材,然后加热喷头将彩色塑料耗材融化,就可以用它来绘制 3D 结构,冷却之后定型即可。

图9-12 外骨假肢　　　　图9-13 Luna自行车　　　　图9-14 打印笔

参 考 文 献

[1] 王玉林．产品造型设计材料与工艺 [M]．天津：天津大学出版社，1994.

[2] 程能林．产品造型材料与工艺 [M]．北京：北京理工大学出版社，1991.

[3] 郑建启．材料工艺学 [M]．武汉：湖北美术出版社，2002.

[4] 江湘芸．设计材料及加工工艺 [M]．北京：北京理工大学出版社，2013.

[5] 陈国良．新型金属材料 [J]，上海金属．2002.24(4).

[6] GLEITER H．Nanocrystalline Materials. Progress in Materials.Science. 1989，33(4)，223-315.

[7] CHATTERJEE A，CHAKRAVORTY D. Journal of Materials Science.1992，27:4115.

[8] 牟季美．纳米材料和纳米结构．北京：科学出版社，2015.

[9] SCHAFFER J P，等．工程材料科学与设计．余永宁，等，译．北京：机械工业出版社，2003.

[10] BALL P, GARWIN Li．Science at the Atomic Scale. Nature，1992，355(6363).